Martin Rees
Unsere letzte Stunde

Martin Rees

Unsere letzte Stunde

Warum die moderne Naturwissenschaft
das Überleben der Menschheit bedroht

Aus dem Englischen übertragen
von Friedrich Griese

C. Bertelsmann

Die Originalausgabe ist 2003 unter dem Titel »Our Final Hour«
bei Basic Books, New York, erschienen.

Umwelthinweis
Dieses Buch und der Schutzumschlag wurden auf
chlorfrei gebleichtem Papier gedruckt.
Die Einschrumpffolie (zum Schutz vor Verschmutzung)
ist aus umweltschonender und recyclingfähiger PE-Folie.

1. Auflage
© 2003 by Martin Rees
© der deutschsprachigen Ausgabe 2003
by C. Bertelsmann Verlag, München,
einem Unternehmen der Verlagsgruppe Random House GmbH
Umschlaggestaltung: Design Team München
Satz: DTP im Verlag
Druck und Bindung: GGP Media. Pößneck
Printed in Germany
ISBN 3-570-00631-X
www.bertelsmann-verlag.de

Inhalt

Vorwort 7

1. Prolog 9
2. Der Technologieschock 17
3. Die Weltuntergangsuhr:
   Haben wir nur mit Glück so lange überlebt? 34
4. Bedrohungen des neuen Jahrtausends:
   Terror und Fehler 51
5. Täter und Gegenmittel 72
6. Verlangsamung der Wissenschaft? 83
7. Normale natürliche Gefahren:
   Asteroideneinschläge 100
8. Die Bedrohung der Erde durch den Menschen 109
9. Extreme Risiken: Eine Pascalsche Wette 124
10. Die Philosophen des Weltuntergangs 144
11. Ende der Wissenschaft? 150
12. Ist unser Schicksal von kosmischer Bedeutung? 167
13. Jenseits der Erde 180
14. Epilog 195

Anmerkungen 199
Orts- und Sachregister 214
Personenregister 219

Vorwort

Die Wissenschaft schreitet schneller voran als je zuvor, und auf einer breiten Front: Bio-, Cyber- und Nanotechnologie bieten aufregende Aussichten ebenso wie die Raumforschung. Es gibt aber auch eine Kehrseite: Neue wissenschaftliche Erkenntnisse können ungewollte Folgen haben; sie versetzen Einzelne in die Lage, Terrorakte ungeahnten Ausmaßes zu begehen; selbst harmlose Fehler könnten sich zu Katastrophen auswachsen. Die »Kehrseite« der Technologie des 21. Jahrhunderts könnte gravierender und unwägbarer sein als die Gefahr nuklearer Zerstörung, vor der wir jahrzehntelang standen. Und durch Menschen verursachte Beeinträchtigungen der globalen Umwelt könnten höhere Risiken bergen als die seit jeher bestehenden Gefahren durch Erdbeben, Vulkanausbrüche und Asteroideneinschläge.

Dieses Buch verfolgt bei aller Kürze ein breites Spektrum. Die einzelnen Kapitel können fast unabhängig voneinander gelesen werden: Sie behandeln den Rüstungswettlauf, neue Technologien, Umweltkrisen, das Ausmaß und die Grenzen wissenschaftlicher Erfindungen und die Perspektiven eines Lebens außerhalb der Erde. Ich habe mir Gespräche mit zahlreichen Wissenschaftlern zunutze gemacht; einige werden allerdings feststellen, dass ich in meiner kursorischen Darstellung andere Akzente setze als sie. Es geht eben um strittige Themen – wie immer bei »Szenarien« für die ferne Zukunft.

Ich hoffe, zumindest Diskussionen darüber anzuregen, wie man (soweit es möglich ist) die schlimmsten Risiken unter Kontrolle halten und neue Erkenntnisse optimal zum Nutzen der Menschheit einsetzen kann. Wissenschaftler und Technologen haben eine besondere Verantwortung. Ich möchte mit dieser Betrachtung dazu beitragen, in unserer vernetzten Welt das allgemeine Interesse dahin gehend zu stärken, dass die Politik sich um Gemeinschaften kümmert, die sich benachteiligt fühlen oder in hohem Maße verwundbar sind.

Ich danke John Brockman dafür, dass er mich ermutigt hat, das Buch zu schreiben. Ihm und Elizabeth Maguire bin ich dankbar für ihre Geduld, Christine Marra und ihren Kollegen für ihre wirksamen Bemühungen, das Buch rasch handfeste Realität werden zu lassen.

1. Prolog

Das 20. Jahrhundert brachte uns die Atombombe, und diese nukleare Bedrohung wird uns nicht wieder verlassen; die kurzfristige Bedrohung durch den Terrorismus nimmt in der allgemeinen und politischen Wahrnehmung einen hohen Rang ein; die Ungleichheit an Besitz und Wohlstand wird immer größer; die Umweltgefährdung ist allgegenwärtig. Ich will zu der wachsenden Literatur über diese herausfordernden Themen nicht noch beitragen, sondern mich vorrangig mit Bedrohungen des 21. Jahrhunderts befassen, die im Allgemeinen weniger bekannt sind, die aber die Menschheit und die globale Umwelt noch stärker gefährden könnten.

Einige dieser neuen Gefahren lauern bereits in unmittelbarer Nähe, andere sind noch bloße Vermutung. »Künstliche« todbringende Viren, vom Flugzeug aus verbreitet, könnten ganze Bevölkerungen ausrotten; neue Techniken könnten das menschliche Wesen weit zielgerichteter und wirksamer verändern als die Medikamente und Drogen, die wir heute kennen; eines Tages könnten sogar bösartige Nanomaschinen, die sich katastrophal vermehren, oder superintelligente Computer uns gefährden.

Andere neuartige Risiken sind nicht gänzlich auszuschließen. Experimente, bei denen Atome mit ungeheurer Wucht aufeinander prallen, könnten eine Kettenreaktion auslösen, die alles auf Erden zerfrisst; die Experimente könnten sogar den Raum als solchen zerreißen – ein »Jüngstes Gericht«, dessen Fallout sich mit Lichtgeschwindigkeit ausbreitet und das ganze Universum verschlingt. Die letztgenannten Szenarien mögen überaus unwahrscheinlich sein, doch werfen sie in extremer Weise die Frage auf, wer in welcher Form darüber entscheiden sollte, ob Experimente fortgesetzt werden, die zwar einen genuin wissenschaftlichen Zweck verfolgen (und einen denkbaren praktischen Nutzen haben), aber ein ganz geringes Risiko eines vollkommen verheerenden Ausgangs darstellen.

Wir leben noch immer wie alle unsere Vorfahren unter der Bedrohung durch Katastrophen, die weltweit Zerstörung nach sich ziehen könnten – seien es vulkanische Supereruptionen oder Einschläge großer Asteroiden. Naturkatastrophen derart globalen Ausmaßes sind glücklicherweise so selten, und ihr Eintreten zu unseren Lebzeiten ist deshalb derart unwahrscheinlich, dass wir uns über sie keine Gedanken machen und die meisten von uns sich nicht von ihnen den Schlaf rauben lassen. Zu solchen Katastrophen kommen nun aber andere Umweltrisiken hinzu, die wir selbst heraufbeschwören und die sich nicht als so utopisch abtun lassen.

Während des Kalten Krieges bestand die größte Gefahr, die über uns schwebte, in einem totalen thermonuklearen Schlagabtausch, ausgelöst durch eine eskalierende Konfrontation der Supermächte. Diese Gefahr wurde offensichtlich abgewendet. Viele Experten und sogar einige derer, die in dieser Zeit selbst Politik gemacht haben, vertreten jedoch die Ansicht, dass wir noch einmal mit einem blauen Auge davongekommen sind; einige meinen, dass das kumulierte Risiko eines Weltkriegs über die gesamte Zeit nicht weniger als fünfzig Prozent betrug. Die unmittelbare Gefahr eines weltweiten Atomkriegs hat sich verringert. Es greift aber zunehmend die Gefahr um sich, dass früher oder später irgendwo in der Welt Atomwaffen eingesetzt werden.

Atomwaffen lassen sich zwar verschrotten, doch ihre Erfindung ist nicht rückgängig zu machen. Die Gefahr besteht latent weiter, und sie könnte im 21. Jahrhundert wieder aufleben: Wir können nicht eine neue Kräftekonstellation ausschließen, die Pattsituationen nach sich zieht, die ebenso gefährlich sind wie die Rivalität des Kalten Krieges und sogar größere Arsenale ins Spiel bringen. Und auch eine Bedrohung, die während der letzten Jahre an Bedeutung verloren zu haben scheint, wird größer, wenn sie sich jahrzehntelang hält. Die nukleare Bedrohung wird jedoch überschattet werden von anderen Gefahren, die ebenso destruktiv und weit weniger kontrollierbar sein könnten. Es wäre denkbar, dass sie nicht in erster Linie von Regierungen ausgehen, nicht einmal von »Schurkenstaaten«, sondern von Einzelpersonen oder kleinen Gruppen, die Zugang zu immer fortgeschrittenerer Technologie haben. Das Spektrum der Möglichkeiten Einzelner, Katastrophen auszulösen, ist beunruhigend vielfältig.

Die Strategen des Atomzeitalters formulierten eine Doktrin der Abschreckung durch »gesicherte gegenseitige Zerstörung« [englisch »*mutually assured destruction*« mit dem einmalig passenden Akronym MAD – »verrückt«]. Um dieses Konzept zu verdeutlichen, ersannen real existierende Dr. Seltsams[1] eine hypothetische »Weltuntergangsmaschine«, ein ultimatives Abschreckungsmittel, das zu schrecklich war, um von einem hundertprozentig rationalen Politiker entfesselt zu werden.[2] Es ist durchaus vorstellbar, dass es Wissenschaftlern im Laufe dieses Jahrhunderts gelingt, eine echte nichtatomare Weltuntergangsmaschine zu schaffen. Dann würden gewöhnliche Bürger über jene Zerstörungsfähigkeit verfügen, welche im 20. Jahrhundert das Schrecken erregende Vorrecht einer Hand voll Menschen war, die in Staaten mit Atomwaffen die Macht innehatten. Gäbe es Millionen von unabhängigen Fingern am Auslöseknopf einer Weltuntergangsmaschine, so könnte der irrationale Akt, ja sogar der Irrtum einer einzigen Person uns alle zugrunde richten.

Eine derart extreme Situation ist vielleicht so instabil, dass sie nie eintreten kann, genauso wie es unmöglich ist, ein sehr großes Kartenhaus zu errichten, obwohl es theoretisch machbar ist. Lange bevor sich Individuen eines »Weltuntergangs«potenzials bemächtigen können, werden einige – vielleicht schon in den nächsten zehn Jahren – die Möglichkeit erhalten, zu unvorhersehbaren Zeiten Ereignisse in der Größenordnung der schlimmsten heutigen Terrorverbrechen auszulösen. Ein organisiertes Netzwerk vom Schlage der Al-Qaida-Terroristen ist dazu nicht erforderlich; es genügt ein Fanatiker oder ein gesellschaftlicher Außenseiter mit der

Einstellung derer, die heute mit Computerviren die Welt verseuchen. Menschen mit solchen Neigungen gibt es in allen Ländern, und natürlich ist ihre Anzahl noch gering, doch die Bio- und Cybertechnologien werden eine solche Wirkung entfalten, dass schon ein Irrer zu viel sein könnte. Es ist denkbar, dass Gesellschaften und Länder bis zur Jahrhundertmitte einen drastischen Wandel vollzogen haben werden, dass die Menschen ganz anders leben als heute, ein weit höheres Alter erreichen und sich in ihren Einstellungen (vielleicht durch Medikamente, Chip-Implantate und dergleichen) von der heutigen Bevölkerung der Erde unterscheiden. Eines wird sich aber kaum ändern: Menschen werden auch künftig Fehler machen, und die Gefahr ist nicht auszuschließen, dass verbitterte Einzelgänger oder Dissidentengruppen sich zu bösartigen Aktionen hinreißen lassen. Hoch entwickelte Technologie wird neue Möglichkeiten bieten, Terror und Zerstörung zu säen, und die gesellschaftlichen Auswirkungen werden sich durch die blitzschnelle weltweite Kommunikation verstärken. Noch beunruhigender ist, dass durch bloße technische Missgeschicke Katastrophen entstehen könnten. Unfälle gewaltigen Ausmaßes (etwa die unbeabsichtigte Erzeugung oder Freisetzung eines sich rasch ausbreitenden Krankheitserregers oder ein verheerender Softwarefehler) können sich selbst in wohl geordneten Institutionen ereignen. Wenn die Gefahren schwerwiegender und die potenziellen Täter zahlreicher werden, kann es zu einer so umfassenden Zerrüttung kommen, dass die Gesellschaft insgesamt verfällt und regrediert. Längerfristig besteht das Risiko einer globalen Verwüstung, der sogar die Menschheit zum Opfer fallen könnte.

Die Wissenschaft geht entschieden nicht, wie manche behauptet haben, ihrem Ende entgegen; sie drängt vielmehr mit sich steigerndem Tempo vorwärts. Wir haben noch immer keine Klarheit, was die fundamentale Natur der physikalischen Realität und die Komplexitäten des Lebens, des Gehirns und des Kosmos betrifft. Neue Entdeckungen, die zur Erhellung dieser Rätsel beitragen, werden vorteilhafte Anwendungen nach sich ziehen, aber auch neue ethische Missstände aufwerfen und neue Gefahren mit sich bringen. Wie werden wir die vielfältigen voraussichtlichen Vorteile aus der Genetik, der Robotik und der Nanotechnologie gegen das – wenngleich geringere – Risiko abwägen, eine nicht mehr überbietbare Katastrophe auszulösen?

Mein spezielles wissenschaftliches Fach ist die Kosmologie und die Erforschung unserer Umwelt die weiteste vorstellbare Perspektive. Das ist, könnte man meinen, eine denkbar ungeeignete Ausgangsbasis zur Beurteilung praktischer irdischer Probleme, denn wie der Romanautor und Astrophysiker Gregory Benford schreibt, »sind die Astronomen durch die Erforschung des großen Weltenrades erfüllt und möglicherweise bedrängt von der Vorstellung, dass wir wie Eintagsfliegen sind«.[3] Allerdings gibt es kaum einen Wissenschaftler, der so weltfremd wäre, dass Benfords Charakterisierung auf ihn zuträfe: Dadurch, dass sie sich mit beinahe unendlichen Räumen befassen, werden Kosmologen im Kampf mit dem Alltag nicht unbedingt »philosophisch«, und sie werden auch nicht weniger von den Problemen bedrängt, die uns heute und morgen hier auf Erden erwachsen. Meine subjektive Einstellung fand treffender Ausdruck bei dem Mathematiker und Philosophen Frank Ramsey, Mitglied desselben (King's) College in Cambridge, dem ich heute angehöre: »Ich empfinde nicht die geringste Demut angesichts der Unermesslichkeit der Himmelsräume. Die Sterne mögen groß sein, aber sie können weder denken noch lieben, und dies sind Eigenschaften, die mich weit mehr beeindrucken, als Größe es vermag. ... Mein Weltbild ist ein perspektivisches und kein maßstabsgetreues Modell. Den Vordergrund nehmen Menschen ein, und die Sterne sind allesamt so klein wie Dreipencestücke.«[4]

In Wahrheit verstärkt eine kosmische Perspektive unsere Sorgen um das, was hier und heute geschieht, weil sie uns eine Vision davon vermittelt, wie wunderbar das künftige Potenzial des Lebens sein könnte. Die Biosphäre der Erde ist das Ergebnis von über vier Milliarden Jahren Darwinscher Selektion: Die riesigen Zeiträume der Evolutionsgeschichte sind inzwischen kultureller Gemeinbesitz. Die Zukunft des Lebens könnte aber noch länger sein als seine

Vergangenheit. Es ist denkbar, dass in künftigen Äonen eine noch herrlichere Vielfalt entsteht, auf der Erde und außerhalb von ihr, und dass die Entfaltung von Intelligenz und Komplexität noch in ihren kosmischen Anfängen steckt.

Ein denkwürdiges frühes Foto aus dem All zeigte den »Erdaufgang« aus der Perspektive eines den Mond umkreisenden Raumschiffs. Man erkannte, dass unsere aus Land, Meeren und Wolken bestehende Lebenssphäre eine dünne, zerbrechliche Schicht ist, deren Schönheit und Verletzlichkeit noch erhöht wurde durch die nackte, sterile Mondlandschaft, in der die Astronauten ihre Fußspuren hinterließen. Diese aus der Ferne aufgenommenen Bilder von der ganzen Erde kennen wir erst seit vier Jahrzehnten. Unser Planet ist aber über hundert Millionen Mal älter. Welche Wandlungen hat er in dieser kosmischen Zeitspanne durchgemacht?

Vor rund 4,5 Milliarden Jahren verdichtete sich eine kosmische Wolke zu unserer Sonne; sie wurde damals von einer wirbelnden Gasscheibe umkreist.[5] Diese Scheibe enthielt Staub, der sich zu Schwärmen kreisender Steine zusammenballte, aus deren Verschmelzung schließlich die Planeten hervorgingen. Einer von ihnen wurde zu unserer Erde, dem »dritten Stein von der Sonne aus«. Die junge Erde wurde von Zusammenstößen mit anderen Körpern durchgerüttelt, von denen einige fast so groß waren wie die Planeten selbst, und bei einem Aufprall wurde so viel flüssiges Gestein herausgeschlagen, dass sich daraus der Mond formte. Die Verhältnisse beruhigten sich, und die Erde erkaltete. Die nachfolgenden Veränderungen, die hinreichend markant waren, um auch von einem weit entfernten Beobachter wahrgenommen zu werden, müssen sich in ganz allmählichen Schritten vollzogen haben. Während eines langen Zeitraums, der sich über mehr als eine Milliarde Jahre erstreckte, reicherte sich Sauerstoff in der Erdatmosphäre an, eine Folge des ersten einzelligen Lebens. Danach kam es zu langsamen Veränderungen in der Biosphäre und in der Form der Landmassen, denn die Kontinente verschoben sich auf der Erdoberfläche. Die Eisschicht nahm zu und ab, und zeitweise könnte die Erde nicht blassblau, sondern weiß erschienen sein.

Abrupte weltweite Veränderungen fanden nur infolge der Einschläge großer Asteroiden oder vulkanischer Supereruptionen statt. In solchen vereinzelten Fällen wurde so viel Schutt in die Stratosphäre emporgeschleudert, dass die Erde mehrere Jahre lang, bis der ganze Staub und die Aerosole sich wieder gesetzt hatten, nicht bläulichweiß, sondern dunkelgrau aussah und kein Sonnenstrahl bis zur Land- und Meeresoberfläche durchdrang. Abgesehen von diesen kurzen Traumata gab es keinerlei plötzliche Ereignisse; im geologischen Zeitmaßstab von Jahrmillionen entstanden nach und nach neue Arten, entwickelten sich und starben aus.

Doch in einem winzigen Abschnitt der Erdgeschichte, dem letzten Millionstel ihrer Existenz, einem Zeitraum von wenigen tausend Jahren, veränderten sich die Vegetationsmuster erheblich rasanter als zuvor. Ursache war der Beginn des Ackerbaus: Die Landschaft wurde geprägt durch eine Population von Menschen, die über Werkzeuge verfügten. Das Tempo der Veränderungen beschleunigte sich mit dem Anwachsen der Bevölkerungszahl. Doch dann machten sich ganz andere Veränderungen bemerkbar, die sich noch unvermittelter vollzogen. Innerhalb von fünfzig Jahren – also in etwas mehr als einem Hundertmillionstel des Erdalters – begann der Kohlendioxidgehalt der Atmosphäre, der über die längste Zeit der Erdgeschichte allmählich gesunken war, ungewöhnlich rasch anzusteigen. Der Planet begann, intensiv Radiowellen auszustrahlen (in einer Menge wie alle Fernseh-, Mobilfunk- und Radarsender zusammengenommen).

Und es geschah noch etwas, das in der 4,5 Milliarden Jahre langen Geschichte der Erde ohne Beispiel war: Metallische Objekte, wenn auch sehr kleine von allenfalls einigen Tonnen, hoben von der Erdoberfläche ab und verließen die Biosphäre ganz und gar. Einige wurden auf Umlaufbahnen um die Erde katapultiert, einige gelangten zum Mond und zu den Planeten, und ganz wenige drifteten sogar in eine Bahn tief in den interstellaren Raum ab, sodass sie unser Sonnensystem für immer hinter sich ließen.

Ein Geschlecht wissenschaftlich hoch entwickelter Außerirdischer, die unser Sonnensystem beobachteten, könnte mit Sicherheit vorhersagen, dass die Erde nach weiteren sechs Milliarden Jahren untergehen wird, wenn die Sonne in ihrem Todeskampf zu einem »roten Riesen« anschwillt und alles, was sich noch auf der Oberfläche unseres Planeten befindet, verdampft. Hätten diese Außerirdischen aber auch diese beispiellose Zuckung prognostizieren können, die sich noch vor Ablauf der halben Lebensdauer der Erde ereignete, diese von Menschen verursachten Veränderungen, die insgesamt weniger als ein Millionstel der bisher verstrichenen Lebenszeit unseres Planeten in Anspruch nahmen und mit scheinbar unkontrollierbarer Geschwindigkeit abliefen?

Was würden diese hypothetischen Aliens in den nächsten hundert Jahren zu Gesicht bekommen? Wird nach einem letzten Aufschrei Stille eintreten? Oder wird der Planet sich stabilisieren? Und werden einige der kleinen metallischen Objekte, die sich von der Erde lösten, irgendwo im Sonnensystem neue Inseln des Lebens hervorbringen und in Gestalt exotischer Lebensformen, Maschinen und komplizierter Signale ihren Einfluss schließlich weit über das Sonnensystem hinaus ausweiten, sodass eine wachsende »grüne Sphäre« entsteht, die schließlich die ganze Galaxis umfasst?

Dass der entscheidende Punkt in Raum und Zeit (wenn man einmal vom Urknall absieht) das Hier und Jetzt sein könnte, ist möglicherweise gar nicht so aberwitzig, ja noch nicht einmal übertrieben. Die Chance, dass unsere gegenwärtige Zivilisation auf der Erde das Ende des gegenwärtigen Jahrhunderts noch erlebt, ist, glaube ich, nicht höher als fünfzig zu fünfzig. Wir können durch unsere Entscheidungen und Handlungen dem Leben eine immerwährende Zukunft sichern (die sich nicht unbedingt auf der Erde abspielen muss, sondern ganz woanders liegen könnte). Es kann aber auch geschehen, dass die Technologie des 21. Jahrhunderts – sei es durch böse Absicht, sei es durch ein Missgeschick – das Potenzial des Lebens gefährdet und seine humane und posthumane Zukunft vereitelt. Das, was in diesem Jahrhundert hier auf der Erde geschieht, könnte darüber entscheiden, ob eine nahezu unbegrenzte Zukunft von immer komplexeren und subtileren Lebensformen erfüllt sein wird – oder von nichts als nackter Materie.

2. Der Technologieschock

Die Wissenschaft des 21. Jahrhunderts könnte die Menschen selbst verändern – und nicht nur die Art, wie sie leben. Eine superintelligente Maschine könnte die letzte Erfindung sein, die Menschen überhaupt machen.

»In den letzten hundert Jahren hat sich mehr verändert als in den tausend Jahren zuvor. Das neue Jahrhundert wird Zeuge von Veränderungen sein, neben denen die des letzten verblassen.« Diese Meinung bekam man in den Jahren 2000 und 2001, am Beginn des neuen Jahrtausends, oft zu hören; tatsächlich wurden diese Worte aber vor mehr als einem Jahrhundert geäußert, und sie beziehen sich auf das 19. und 20. Jahrhundert, nicht auf das 20. und 21. Sie sind einem Vortrag entnommen, den der junge H. G. Wells 1902 unter dem Titel »Discovery of the Future« vor der Royal Institution in London hielt.[1]

Bis Ende des 19. Jahrhunderts hatten Darwin und die Geologen bereits in groben Umrissen geklärt, wie die Erde und ihre Biosphäre sich entwickelt hatten. Das wahre Alter der Erde war noch nicht bekannt, aber Schätzungen gingen in Hunderte von Millionen Jahren. Wells wurde mit diesen Ideen, die damals noch neu und aufrührerisch waren, durch Darwins größten Fürsprecher und Propagandisten, Thomas Henry Huxley, vertraut gemacht.

Wells' Vortrag war vorwiegend visionär gestimmt. »Die Menschheit«, sagte er, »hat einen gewissen Weg hinter sich, und die Strecke, die wir zurückgelegt haben, gibt uns einen gewissen Vorgeschmack von dem Weg, der vor uns liegt. Die gesamte Vergangenheit ist nur der Anfang eines Anfangs; alles, was der menschliche Geist bisher erschaffen hat, ist lediglich der Traum vor dem Erwachen.« Seine bildhafte Prosa wirkt auch hundert Jahre später noch nachhaltig. Unser wissenschaftliches Verständnis der Atome, des Lebens und des Kosmos hat sich in einer Weise entwickelt, von der selbst er sich keine Vorstellung machen konnte, doch lag Wells sicher richtig mit der Vorhersage, dass sich im 20. Jahrhundert mehr verändern würde als in den zurückliegenden tausend Jahren. Nebenprodukte neuer Entdeckungen haben unsere Welt und unser Leben verändert. Die erstaunlichen technischen Neuerungen hätten ihn gewiss ebenso begeistert wie die Aussichten für die nächsten Jahrzehnte.

Ein naiver Optimist war Wells jedoch nicht. Er hob in seinem Vortrag die Gefahr einer globalen Katastrophe hervor: »Es ist nicht auszuschließen, dass etwas geschehen wird, das die Menschheit und die Menschheitsgeschichte letztlich zerstören und beenden wird; dass sich in Kürze die Nacht über uns senken und all unsere Träume und Anstrengungen zunichte machen wird ... etwas, das aus dem All kommt, oder die Pest oder eine große Erkrankung der Atmosphäre oder ein Gift im Schweif eines Kometen, ein Gas, das in großen Mengen dem Inneren der Erde entströmt, oder bisher unbekannte Tiere, die Jagd auf uns machen, oder eine Droge oder ein zerstörerischer Wahn im Geist des Menschen.« Gegen Ende seines Lebens wurde Wells pessimistischer, besonders in seinem letzten Buch »*Der Geist am Ende seiner Möglichkeiten*«. Würde er heute schreiben, so hätte sich seine an Verzweiflung grenzende Haltung angesichts der »Kehrseite« der Wissenschaft vermutlich noch verstärkt. Über die nötigen Mittel, um ihre Zivilisation in einem Atomkrieg zu vernichten, verfügen die Menschen bereits; im jetzt angebrochenen Jahrhundert sind sie dabei, sich biologische Kenntnisse anzueignen, die nicht minder tödlich sein könnten; unsere vernetzte Gesellschaft wird anfälliger für Cyber-Gefahren, und die Belastung, der die Umwelt durch die Menschen ausgesetzt ist, nimmt gefährliche Ausmaße an. Die Spannungen zwischen positiven und schädlichen Folgen neuer Entdeckungen und die Gefahren, die aus der prometheischen Macht erwachsen, welche die Wissenschaft uns verleiht, sind beunruhigend real, und sie verschärfen sich.

Wells' Zuhörer in der Royal Institution werden ihn als den Verfasser der »*Zeitmaschine*« gekannt haben. In dieser klassischen Erzählung drückte der Zeitreisende den Hebel seiner Maschine bis zum Anschlag nieder: »Die Nacht brach herein, so plötzlich, wie wenn man eine Lampe auslöscht, und im nächsten Augenblick brach schon der nächste Tag an.« Als er seine Fahrt beschleunigte, »verschmolz der Pulsschlag von Tag und Nacht zu einem fortlaufenden Grau. ... So reiste ich, immer wieder anhaltend, in Etappen von tausend oder mehr Jahren weiter, unwiderstehlich angezogen von dem Geheimnis des Erdenschicksals. Es war faszinierend, mit anzusehen, wie die Sonne am westlichen Himmel immer größer und matter wurde und das Leben der alten Erde allmählich verebbte.« Er gelangt in eine Epoche, in der die Menschheit sich aufgespalten hat in die entkräfteten und infantilen Eloi und die rohen, im Untergrund hausenden Morlocks, welche die Ersteren ausbeuten. Am Ende landet er in einer dreißig Millionen Jahre entfernten Zeit, in einer Welt, in der alle uns bekannten Lebensformen ausgestorben sind. Von dort kehrt er in seine Gegenwart zurück und bringt als Beweise seiner Reise seltsame Pflanzen mit.

In Wells' Erzählung hat die Aufspaltung der menschlichen Art in zwei Unterarten 800 000 Jahre in Anspruch genommen – ein Zeitraum, der sich nach heutigen Vorstellungen mit der Spanne deckt, in der auf dem Weg der natürlichen Auslese die Menschheit entstanden ist. (Hinweise auf unsere frühesten hominoiden Vorfahren sind vier Millionen Jahre alt; vor rund 400 000 Jahren verdrängte der »moderne« Mensch den Neandertaler.) Veränderungen am Körper und Gehirn des Menschen werden im nun angebrochenen Jahrhundert aber nicht mehr auf das langsame Tempo der Darwinschen Auslese, ja nicht einmal mehr auf das Tempo der selektiven Züchtung angewiesen sein. Gentechnik und Biotechnologie könnten bei breiter Anwendung das Äußere und die Mentalität des Menschen weit rascher ummodeln, als Wells es vorhersah. Lee Silver vermutet in seinem Buch »*Das geklonte Paradies*« sogar, dass die Menschheit schon innerhalb weniger Generationen in zwei Arten aufgespalten sein könnte; stünde die Technologie, die es Eltern erlaubt, genetisch begünstigte Kinder zu »designen«, nur den Begüterten zur Verfügung, würden die Abweichungen zwischen den »Gen-Reichen« und den »Naturbelassenen« zunehmen.[2] Nichtgenetische Veränderungen könnten sogar noch schneller eintreten und die Wesensart der Menschen in weniger als einer Generation verändern, so rasch, wie neue Drogen entwickelt und auf den Markt gebracht werden können. Man wird möglicherweise noch in diesem Jahrhundert damit beginnen, die im Verlauf der uns bekannten Geschichte unverändert gebliebenen Grundzüge des Menschen umzugestalten.

Fehlgeschlagene Prognosen

In einem Antiquariat stieß ich kürzlich auf Wissenschaftszeitschriften aus den 1920er-Jahren, in denen die Zukunft fantasievoll ausgemalt wurde. Die damals als futuristisch betrachteten Flugzeuge hatten reihenweise übereinander angeordnete Tragflächen; weil Doppeldecker zu jener Zeit als ein Fortschritt gegenüber den Eindeckern galten, hatte der Zeichner vermutet, dass es noch »fortschrittlicher« sein würde, Tragflächen wie bei einer Jalousie übereinander zu stapeln. Die Extrapolation kann in die Irre führen. Bei direkter Fortschreibung werden einem außerdem die revolutionärsten Neuerungen entgehen, die qualitativ neuen Dinge, die wirklich die Welt verändern könnten.

Francis Bacon betonte schon vor vierhundert Jahren, dass die wichtigsten Fortschritte am wenigsten vorhersehbar sind. Drei alte Entdeckungen fand er besonders erstaunlich: das Schießpulver, die Seide und den Kompass. Im »*Neuen Organon*« schreibt er: »Dies und Ähnliches ... ist weder durch die Philosophie noch durch die rationalen Künste, sondern durch Zufall und bei Gelegenheit entdeckt worden, und es gehört zu dem, was ... von dem bisher Bekannten völlig verschieden war und ihm so fern stand, dass irgendein bloßer Begriff niemals hätte hinführen können.« Bacon glaubte, dass »die Natur in ihrem Schoße noch viele kostbare Sachen verborgen hält, die mit dem bisher Erfundenen keinerlei Verwandtschaft oder Ähnlichkeit haben, sondern weitab von den Pfaden der Fantasie gelegen sind«.

Die 1896 entdeckten Röntgenstrahlen müssen Wells ebenso wunderbar erschienen sein wie Bacon der Kompass. So offenkundig ihr Nutzen ist – sie waren unmöglich planbar. Ein Antrag auf Forschungsmittel, um Fleisch durchsichtig zu machen, wäre nicht bewilligt worden, und wenn doch, hätte die Forschung sicher nicht zu den Röntgenstrahlen geführt. Und auch in der Folgezeit sind wir von den großen Entdeckungen überrascht worden. Nur wenige vermochten die Erfindungen vorherzusehen, welche die Welt in der zweiten Hälfte des 20. Jahrhunderts verändert haben. Die Nationale Akademie der Wissenschaften der USA veranstaltete 1937 eine Umfrage, deren Ziel die Vorhersage von Durchbrüchen war; denjenigen, die sich mit technischen Prognosen beschäftigen, täte es gut, heute ihren Bericht zu lesen.[3] Darin enthalten waren einige kluge Einschätzungen, was die Landwirtschaft, synthetisches Benzin und synthetisches Gummi betraf. Bemerkenswerter ist aber, was nicht darin vorkam. Keine Atomenergie, keine Antibiotika (obwohl Alexander Fleming acht Jahre zuvor das Penizillin entdeckt hatte), keine Düsenflugzeuge, keine Raketen oder sonstige Nutzungen des Weltraums, keine Computer und natürlich keine Transistoren. Von den Technologien, die tatsächlich die zweite Hälfte des 20. Jahrhunderts bestimmten, war keine Rede. Noch weniger ließen sich die sozialen und politischen Veränderungen, die sich in dieser Zeit vollzogen, vorhersehen.

Wissenschaftler sind oft blind für die Weiterungen selbst ihrer eigenen Entdeckungen. Ernest Rutherford, der größte Kernphysiker seiner Zeit, tat die praktische Bedeutung der Kernenergie bekanntlich als »Unsinn« ab. Die Pioniere des Radios betrachteten die drahtlose Übertragung als einen Ersatz für den Telegrafen und nicht als ein Mittel für den Rundfunkbetrieb. Weder der große Computerdesigner und Mathematiker John von Neumann noch der IBM-Gründer Thomas J. Watson konnten sich vorstellen, dass erheblich mehr als nur ein paar Rechenmaschinen vonnöten sein würden. Die heute allgegenwärtigen Mobiltelefone und Palmtop-Computer würden einen Menschen von vor hundert Jahren in Erstaunen versetzen; sie sind Beispiele für das Diktum von Arthur C. Clarke, dass eine hinreichend fortgeschrittene Technologie von Magie nicht zu unterscheiden ist. Was könnte im jetzigen Jahrhundert geschehen, das für uns »Magie« wäre?

Prognostiker haben im Allgemeinen schmählich versagt, wenn es galt, die drastischen Veränderungen zu erkennen, die durch völlig unvorhersagbare Entdeckungen bewirkt wurden. Graduelle Veränderungen verlaufen dagegen oft langsamer, als die Prognostiker erwarten, jedenfalls weit langsamer, als es technisch möglich wäre. Kaum jemand hat so viel Weitblick bewiesen wie Clarke, aber wir werden sicherlich viel länger als bis zum Jahr 2001 warten müssen, bis es große Raumkolonien oder Stützpunkte auf dem Mond gibt. Und die Technologie der Zivilluftfahrt tritt auf der Stelle, ebenso wie der bemannte Raumflug. Wir könnten mittlerweile über Überschallflugzeuge verfügen, dennoch haben wir sie nicht, hauptsächlich aus wirtschaftlichen und Umweltschutzgründen: Wir überqueren den Atlantik in Düsenflugzeugen, deren Leistung in den letzten 45 Jahren im Wesentlichen gleich geblieben ist und die sich in den nächsten 20 Jahren wahrscheinlich nicht verändern wird. Was sich geändert hat, ist das Verkehrsaufkommen. Langstreckenflüge sind für die breite Masse erschwinglich geworden. Natürlich hat es technische Verbesserungen gegeben, zum Beispiel in der computergestützten Steuerung und der präzisen Positionierung, die durch Satelliten des Globalen Positionssystems (GPS) ermöglicht wird; die auffälligste Veränderung für die Passagiere besteht in der Perfektion der Apparate, die für Unterhaltung an Bord sorgen. Auch die Autos, die wir fahren, wurden in Jahrzehnten nur schrittweise verbessert. Die Verkehrstechnik insgesamt hat sich langsamer entwickelt, als viele Prognostiker erwarteten.

Was Clarke und die meisten anderen dagegen überraschte, war die Schnelligkeit, mit der Personalcomputer sich ausbreiteten und besser wurden, und solche Begleiterscheinungen wie das Internet.

Seit fast drei Jahrzehnten verdoppelt sich alle 18 Monate die Dichte, mit der Schaltungen auf Mikrochips geätzt werden, im Einklang mit dem berühmten »Gesetz«, das Gordon Moore, einer der Gründer der Intel Corporation, formulierte. So kam es, dass die Konsole eines Computerspiels weit mehr Verarbeitungskapazität enthält, als den »Apollo«-Astronauten bei der Landung auf dem Mond zur Verfügung stand. Mein Cambridge-Kollege George Efstathiou, der auf dem Computer die Bildung und Entwicklung von Galaxien simuliert, kann heute im Laufe der Mittagspause auf seinem Laptop Berechnungen wiederholen, für die er 1980, als er sie erstmals durchführte, auf einem der schnellsten Supercomputer, die es damals gab, Monate brauchte. Bald werden wir nicht nur Mobiltelefone haben, sondern Breitbandkommunikation mit jedermann und sofortigen Zugriff auf alles gespeicherte Wissen. Und die Revolution in der Genomik, einer hervorstechenden Erscheinung des frühen 21. Jahrhunderts, beschleunigt sich: Bei Beginn des großen Projekts, das menschliche Genom zu kartieren, rechnete kaum jemand damit, dass es zum gegenwärtigen Zeitpunkt im Wesentlichen abgeschlossen sein würde.

Francis Bacon stellte seinen drei »magischen« Entdeckungen die Erfindung des Buckdrucks gegenüber, bei dem »alles offen und fast am Wege liegend« ist; »nachdem [er] aber erfunden worden ist, erscheint es dem menschlichen Geist unglaublich, dass dies den Menschen so lange hat entgehen können«. Die meisten Erfindungen kommen wie der Buchdruck auf Bacons zweitem Weg zustande: »aus der Übertragung, Verknüpfung und Anwendung der bereits bekannten«. Die Gegenstände und Geräte, die uns aus dem Alltag vertraut sind, entstanden im Großen und Ganzen durch fortgesetzte schrittweise Verbesserungen. Es sind aber immer noch revolutionäre Neuerungen möglich, trotz der immensen wissenschaftlichen Infrastruktur, die in früheren Jahrhunderten vollkommen fehlte.[4] Mit der Ausdehnung der Grenzen des Wissens steigt sogar die Wahrscheinlichkeit bemerkenswerter Überraschungen.

Schneller vorwärts?

Wir können dem, was die Wissenschaft im Laufe eines ganzen Jahrhunderts zu erreichen vermag, keine Grenzen setzen, und deshalb sollten wir offen sein für Konzepte, die gegenwärtig als wilde Spekulation erscheinen. Für die Mitte des Jahrhunderts werden von vielen übermenschliche Roboter vorhergesagt. Noch erstaunlichere Fortschritte könnten sich aus fundamental neuen Konzepten in der Grundlagenwissenschaft ergeben, die man bisher noch nicht einmal ins Auge gefasst hat und für die wir noch keine Begriffe haben. Aufgrund von weit reichenden Extrapolationen des gegenwärtigen Wissens lassen sich keine verlässlichen Zukunftsbilder entwerfen.

Ray Kurzweil, Guru der »künstlichen Intelligenz« und Verfasser von »*The Age of Spiritual Machines*«, behauptet, dass das 21. Jahrhundert »20 000 Jahre des Fortschritts im heutigen Tempo« erleben wird.[5] Das ist natürlich nur eine rhetorische Behauptung, weil »Fortschritt« lediglich in begrenzten Bereichen quantifizierbar ist.

Es gibt physikalische Grenzen für die Feinheit, mit der man mit gegenwärtigen Verfahren Schaltungen in Siliziumchips ätzen kann, und aus dem gleichen Grund ist die Schärfe der Bilder, die Mikroskope oder Teleskope uns liefern können, begrenzt. Da aber schon an neuen Methoden gearbeitet wird, die in einem noch viel feineren Maßstab Schaltungen drucken können, muss »Moores Gesetz« nicht ungültig werden.[6] Schon in zehn Jahren werden Computer von der Größe einer Armbanduhr uns mit einem weiterentwickelten Internet und dem globalen Positionssystem verbinden. In der ferneren Zukunft könnten ganz andere Techniken – winzige, kreuz und quer laufende optische Strahlen, die nicht mehr auf Chipschaltungen angewiesen sind – die Rechenleistung noch erhöhen.

Die Miniaturisierung, so erstaunlich sie bereits ist, hat es noch sehr weit bis zu ihren theoretischen Grenzen. Jedes winzige Schaltelement eines Siliziumchips enthält Milliarden von Atomen; eine solche Schaltung ist überaus groß und »grob« im Vergleich zu den kleinsten Schaltungen, die prinzipiell möglich sind. Diese hätten Abmessungen von nur einem Nanometer – einem Milliardstel Meter –, während heutige Chips im Maßstab eines Mikrons (eines Millionstel Meters) geätzt werden. Langfristig hofft man, Nanostrukturen und Schaltungen »von unten her« zu montieren, indem man Atome und Moleküle zusammenfügt. Auf diese Weise wachsen und entwickeln sich lebende Organismen. Und so entstehen die »Computer« der Natur: Ein Insektengehirn hat etwa die gleiche Rechenleistung wie ein leistungsstarker Computer von heute.

Die Evangelisten der Nanotechnologie träumen von einem »Monteur«, der sich einzelne Atome schnappt, herumschiebt und Stück für Stück in Maschinen einbaut, die so verwickelte Strukturen haben wie Viren oder lebende Zellen.[7] Mit solchen Verfahren könnten die Prozessoren von Computern tausendmal kleiner sein und die Informationen eine Milliarde Mal dichter gespeichert werden als mit den besten heute gängigen Methoden. Man könnte sogar die Leistung menschlicher Gehirne durch die Implantation von Computern steigern. Nanomaschinen könnten so verwickelt aufgebaut sein wie Viren und lebende Zellen und eine noch größere Vielfalt aufweisen; sie könnten Fertigungsaufgaben bewältigen; sie könnten in unserem Körper Beobachtungen und Messungen vornehmen und sogar mikrochirurgische Operationen durchführen.

Die Nanotechnologie könnte die Geltung von »Moores Gesetz« um weitere dreißig Jahre verlängern; dann wären Computer mit der Rechenleistung eines menschlichen Gehirns ausgestattet. Und alle Menschen könnten dann von einem Cyberraum umgeben sein, der eine unmittelbare Kommunikation miteinander erlaubt, nicht nur sprachlich und visuell, sondern durch eine hochentwickelte virtuelle Realität.

Der Robotikpionier Hans Moravec glaubt, dass Maschinen das Intelligenzniveau von Menschen erreichen werden und sogar die Kontrolle zu übernehmen imstande wären.[8] Dafür genügt Rechenleistung allein jedoch nicht: Die Computer werden Sensoren benötigen, mit denen sie so gut sehen und hören können wie wir, und die entsprechende Software, um die Informationen ihrer Sensoren zu verarbeiten und zu interpretieren. In der Software wurden längst nicht die gleichen Fortschritte erzielt wie in der Hardware: Wenn es um das Erkennen und Manipulieren von festen Gegenständen geht, reichen Computer noch immer nicht an die Fähigkeiten eines auch nur dreijährigen Kindes heran. Vielleicht wird man mehr erreichen, wenn man, statt bloß die herkömmlichen Prozessoren schneller und kompakter zu machen, das menschliche Gehirn »umkonstruiert«. Wenn Computer erst einmal ihre Umgebung ebenso geschickt beobachten und interpretieren können wie wir mittels unserer Augen und der übrigen Sinnesorgane, könnten ihre weit schnelleren Denkprozesse und Reaktionen ihnen einen Vorteil uns gegenüber verschaffen. Sie werden dann wirklich wie intelligente Wesen wahrgenommen, zu denen wir uns zumindest in der einen oder anderen Hinsicht ebenso verhalten können wie zu anderen Menschen. Damit werden ethische Probleme auftauchen. Wir erkennen im Allgemeinen eine Pflicht an, dafür zu sorgen, dass andere Menschen (und zumindest auch einige Tierarten) ihr »natürliches« Potenzial zu verwirklichen in der Lage sind. Werden wir gegenüber intelligenten Robotern, unseren eigenen Schöpfungen, ebenfalls diese Pflicht haben? Sollten wir uns dazu veranlasst fühlen, ihr Wohlergehen zu fördern, und ein schlechtes Gewissen verspüren, wenn sie unterbeschäftigt, frustriert oder gelangweilt sind?

Eine humane oder posthumane Zukunft?

Diese Projektionen gehen davon aus, dass unsere Nachfahren eindeutig »human« sein werden. Bald aber werden das Wesen und der Körper des Menschen ebenfalls formbar sein. Es könnte dazu kommen, dass Implantate im Gehirn (und vielleicht auch neue Drogen) das geistige Potenzial des Menschen in Teilbereichen steigern, etwa unsere logischen und mathematischen Fähigkeiten, vielleicht auch unsere Kreativität. Es wird vielleicht möglich sein, zusätzliche Gedächtnisspeicher »einzustöpseln« oder durch direkten Input in das Gehirn zu lernen (ein »Instant-Dr.« per Injektion?). John Sulston, ein Leiter des Humangenom-Projekts, spekuliert über weiterreichende Implikationen: »Wie viel nichtbiologische Hardware können wir an einen menschlichen Körper anschließen und ihn dabei noch menschlich nennen? ... Etwas mehr Speicher gefällig? Oder mehr Rechenleistung? Warum nicht? Und wenn das möglich ist, dann wartet vielleicht gleich um die Ecke eine Art von Unsterblichkeit.«[9]

Ein weiterer Schritt bestünde darin, das menschliche Gehirn dermaßen umzufunktionieren, dass es Gedanken und Erinnerungen in eine Maschine herunterladen kann, oder es künstlich umzubauen. Dann könnte es sein, dass Menschen ihre biologischen Schranken durch die Fusion mit Computern überwinden, möglicherweise ihre Individualität verlieren und ein gemeinsames, mit dem Computer geteiltes Bewusstsein entwickeln. Falls die gegenwärtigen technischen Entwicklungen ungebremst weitergehen, sollten wir es nicht als haltos abtun, wenn Moravec sagt, dass heute lebende Menschen Unsterblichkeit erlangen könnten in dem Sinne, dass ihre Lebenszeit nicht auf ihren gegenwärtigen Körper beschränkt ist. Wer diese Art von ewigem Leben wünscht, wird seinen Körper aufgeben und sein Gehirn auf Silizium-Hardware herunterladen müssen. Er müsste, wie es früher bei den Spiritualisten hieß, »auf die andere Seite hinübergehen«.

Eine superintelligente Maschine könnte die letzte Erfindung sein, die Menschen überhaupt machen müssen. Wenn Maschinen erst einmal der menschlichen Intelligenz überlegen sind, könnten sie sich selbst konstruieren und eine neue Generation von noch intelligenteren Maschinen bauen. Würde sich dies dann wiederholen, so würde die Technologie mit rasender Geschwindigkeit einem Scheitelpunkt zustreben, einer »Singularität«, bei der die Neuerungsrate ins Unendliche ginge. (Es war der kalifornische Futurologe Vernon Vinge, der in diesem apokalyptischen Kontext erstmals von einer »Singularität« sprach.[10]) Wie die Welt nach dem Eintreten einer solchen »Singularität« aussehen würde, lässt sich nicht vorhersagen. Dann könnten sogar die Beschränkungen, die mit den Naturgesetzen nach unserem heutigen Verständnis verbunden sind, wegfallen. Die neuen Maschinen könnten einige der gängigen wissenschaftlichen Spekulationen, die den Physikern heute noch zu schaffen machen – Zeitreisen, Raumkrümmungen und dergleichen –, überwinden und die Welt auch physikalisch verändern. Kurzweil und Vinge bewegen sich natürlich im visionären Grenzbereich (oder sogar schon außerhalb davon), wo die wissenschaftliche Prognose in Science-Fiction übergeht. Der Glaube an die »Singularität« verhält sich zur gängigen Futurologie wie die chiliastische Hoffnung auf »Entrückung« – das körperliche Auffahren in den Himmel an einem kurz bevorstehenden Jüngsten Tag – zum gängigen Christentum.

Der stabile Hintergrund

Informationssysteme und die Biotechnologie können deshalb rasche Fortschritte machen, weil sie – anders als beispielsweise die traditionellen Formen der Energieerzeugung oder die Verkehrsinfrastruktur – nicht auf riesige Anlagen angewiesen sind, deren Bau Jahre dauert und die jahrzehntelang betrieben werden müssen. Aber nicht alles ist so wandelbar und vergänglich wie die elektronische Hardware.

Wenn man eine katastrophale Zerstörung oder gar einen technologischen Vorstoß zu einer »Singularität« ausschließt, in dessen Folge Superroboter die Welt mit einer Schnelligkeit umbauen könnten, die der menschliche Geist sich nicht vorzustellen vermag, sind der Geschwindigkeit, mit der unsere irdische Umwelt sich ändern kann, Grenzen gesetzt. Es wird noch immer Straßen und (wahrscheinlich) Eisenbahnen geben, die aber ergänzt werden könnten durch neue Verkehrssysteme (beispielsweise durch GPS-Systeme, die automatisierte kollisionsfreie Land- oder Luftreisen erlauben). Die Entwicklungsländer könnten nach optimistischen Szenarien eine neue, dem 21. Jahrhundert entsprechende Infrastruktur erhalten, ohne sich die Last der Vergangenheit aufzubürden. Energie- und Ressourcenknappheit setzen aber doch gewisse Grenzen: Es ist unwahrscheinlich, dass Reisen mit Überschallgeschwindigkeit für die Mehrheit der Weltbevölkerung zur Normalität werden, es sei denn, man würde in der Konstruktion oder im Antrieb von Flugzeugen etwas radikal Neues erfinden. Viele Reisen werden jedoch durch Telekommunikation und virtuelle Realität überflüssig werden.

Wie steht es mit der Nutzung des Weltraums (eventuell mit neuartigen Antriebssystemen)? Robotik und Miniaturisierung sprechen in absehbarer Zukunft gegen den praktischen Nutzen des bemannten Raumflugs. Schwärme miniaturisierter Satelliten werden in den nächsten Jahrzehnten die Erde umkreisen; unbemannte Sonden mit ausgeklügelten Instrumenten werden das Sonnensystem durchstreifen und erkunden; und Arbeitsroboter werden Großstrukturen errichten, die beispielsweise Rohstoffe auf dem Mond oder auf Asteroiden abbauen. Wenn unsere Zivilisation bis dahin katastrophalen Rückschlägen entgeht, könnte es aber in fünfzig Jahren eine schwungvolle menschliche Raumfahrt geben, die dann allerdings nicht mehr von Staaten betrieben wird, sondern von Unternehmern und Abenteurern.

Selbst wenn es zu einer wachsenden menschlichen Präsenz im All kommt, wird daran nur ein winziger Bruchteil der Menschheit teilhaben. Nirgendwo außerhalb der Erde gibt es ein Habitat, das auch nur annähernd so milde Lebensbedingungen böte wie die Antarktis oder die Tiefsee; gleichwohl wäre das All ein verlockender Hintergrund für enthusiastische Forscher und Pioniere, die außerhalb der Erde sich selbst erhaltende Gruppen gründen. Solche Gemeinschaften könnten bis zum Ende des Jahrhunderts entstanden sein – auf dem Mond, dem Mars oder frei im All schwebend –, sei es als Flüchtlinge von der Erde oder im Geiste der Forschung. Davon, ob und in welcher Weise das geschieht, könnte die posthumane Evolution abhängen, ja sogar das künftige Schicksal intelligenten Lebens überhaupt. Für diejenigen, die auf der Erde ausharren müssten, wäre es zwar nur ein geringer Trost, doch das Leben hätte sich durch die Ära seiner stärksten Bedrohung »hindurchgetunnelt«: Danach könnte eine irdische Katastrophe das langfristige kosmische Potenzial des Lebens nicht mehr zunichte machen.

Die reale Welt: Weitere Horizonte

Prognostiker der technischen Entwicklung, deren Einstellung geprägt ist vom sozialen und politischen Umfeld der amerikanischen Westküste, wo so viele ihres Faches beisammen sind, neigen zu der Ansicht, dass Veränderungen sich unbehindert vollziehen in einem gesellschaftlichen System, das Neuerungen unterstützt, und dass Konsumwünsche Vorrang vor anderen Ideologien haben. Diese Annahmen könnten sich als ebenso ungerechtfertigt erweisen, wie es ungerechtfertigt war, die Rolle der Religion in internationalen Angelegenheiten zu bagatellisieren oder vorherzusagen, dass Afrika südlich der Sahara seit den 1970er-Jahren einen stetigen Aufschwung nehmen würde, statt noch tiefer in Armut zu versinken. Unvorhersagbare soziale und politische Entwicklungen erhöhen die Ungewissheit um zusätzliche Dimensionen. Das Hauptthema dieses Buches ist denn auch, dass allein schon technische Fortschritte die Gesellschaft störanfälliger machen werden.

Aber selbst dann, wenn die Zerrüttung nicht schlimmer wäre, als sie heute ist, leisten solche Prognosen kaum mehr, als die »Umhüllungskurve« dessen zu beschreiben, was möglich ist; die Kluft zwischen dem, was technisch machbar ist, und dem, was tatsächlich geschehen wird, wächst stetig. Es gibt Neuerungen, die einfach nicht genug wirtschaftliche oder gesellschaftliche Nachfrage anziehen: So wie der Überschallflug und die bemannte Raumfahrt nach den 1970er-Jahren stagnierten, werden heute (im Jahr 2003) die Möglichkeiten der Breitbandtechnik (G3) nur zögernd genutzt, weil nicht gerade viele mit ihrem Mobiltelefon im Internet surfen oder sich Filme ansehen möchten.

Was die Biotechnologie betrifft, so wird das Hemmnis eher ethischer als wirtschaftlicher Natur sein. Würde die Anwendung genetischer Verfahren nicht durch Gesetze eingedämmt, könnten Körperbau und geistige Fähigkeiten des Menschen sich innerhalb weniger Generationen wandeln. Futuristen wie Freeman Dyson spekulieren damit, dass *Homo sapiens* sich innerhalb weniger Jahrhunderte in zahlreiche Unterarten aufgespalten haben könnte, die unterschiedliche Habitate außerhalb der Erde besiedeln.[11]

Bei wirtschaftlichen Entscheidungen werden Ereignisse, die mehr als zwanzig Jahre in der Zukunft liegen, zumeist als bedeutungslos abgetan; geschäftliche Investitionen lohnen sich nicht, wenn sie sich weit früher bezahlt gemacht haben, besonders bei Produkten, die rasch veralten. Bezüglich staatlicher Maßnahmen reicht die Perspektive oft nicht weiter als bis zur nächsten Wahl. Es kommt aber auch vor, beispielsweise in der Energiepolitik, dass der Horizont sich bis zu fünfzig Jahre erweitert. Manche Ökonomen versuchen, Anreize zu längerfristiger Planung und kluger Bewahrung zu geben, indem sie den Naturschätzen eines Landes einen monetären Wert zuschreiben, sodass die Kosten der Ausschöpfung dieser Ressourcen explizit in der Bilanz des Landes sichtbar werden. Die Debatten über die globale Erwärmung, die zum Kyoto-Protokoll führten, berücksichtigten, was in ein- bis zweihundert Jahren geschehen könnte; es besteht Einigkeit darüber, dass Staaten sich jetzt zu vorbeugenden Maßnahmen entschließen sollten, im mutmaßlichen Interesse unserer Nachkommen im 22. Jahrhundert (ob es allerdings tatsächlich zu solchen Maßnahmen kommt, ist jedoch noch unklar).

In einem Punkt blickt die amtliche Politik noch weiter voraus – nicht nur für Jahrhunderte, sondern sogar für Jahrtausende: hinsichtlich der Lagerung radioaktiven Mülls aus Atomkraftwerken. Ein Teil dieser Abfälle wird auf Jahrtausende hinaus giftig bleiben, und sowohl in England als auch in den Vereinigten Staaten gilt für Deponien unter Tage die Vorschrift, dass gefährliche Stoffe mindestens 10 000 Jahre lang sicher verschlossen bleiben; weder über das Grundwasser noch durch Risse, die durch Erdbeben entstehen könnten, darf beispielsweise Radioaktivität austreten. Diese vom Umweltschutzamt der Vereinigten Staaten erlassenen geologischen Anforderungen waren mit entscheidend dafür, dass man als nationale Endlagerstätte einen Ort tief unter dem Yucca Mountain in Nevada wählte.

Die langwierigen Debatten über die Entsorgung radioaktiver Abfälle hatten wenigstens ein Gutes: Sie weckten Interesse und

Sorge um die Frage, wie unser heutiges Handeln sich in mehreren tausend Jahren auswirken wird – das sind, gemessen an der Zukunft der Erde, natürlich immer noch winzige Zeitspannen, die aber das langfristige Vorausdenken der meisten Planer und Entscheidungsträger weit übersteigen. Das US-Energieministerium berief sogar ein interdisziplinäres Gremium, das erörtern sollte, wie man am besten eine Botschaft gestaltet, die noch in mehreren tausend Jahren von Menschen (wenn es dann noch welche gibt) verstanden werden kann. Warnungen, die so eindeutig und universal sind, dass sie jede denkbare kulturelle Kluft überwinden, könnten einmal von großer Bedeutung sein, wenn sie unsere fernen Nachkommen auf verborgene Gefahren wie Endlager für radioaktive Abfälle aufmerksam machen.

Die Long Now Foundation, eine Initiative, für die sich Danny Hillis einsetzt (man kennt ihn vor allem als den Erfinder der »Connection Machine«, eines frühen massiv-parallelen Rechners), möchte das langfristige Denken durch den Bau einer ultrahaltbaren Uhr fördern, die das Verstreichen mehrerer Jahrtausende festhalten würde. Stewart Brand erörtert in seinem Buch »*The Clock of the Long Now*«, wie sich der Inhalt von Bibliotheken, Zeitkapseln und andere dauerhafte Gegenstände optimieren ließen, die dazu beitragen könnten, unseren Blick auf weitere Zeithorizonte zu lenken.[12]

Selbst wenn Veränderungen nicht schneller verlaufen sollten als in den letzten Jahrhunderten, wird es innerhalb eines Jahrtausends sicherlich zu einem »Umschwung« in Kulturen und politischen Institutionen kommen. Ein katastrophaler Zusammenbruch der Zivilisation könnte die Kontinuität zerstören und eine Kluft aufreißen, die ebenso breit ist wie der kulturelle Abgrund, den wir jetzt gegenüber einem abgelegenen Stamm in Amazonien empfinden würden. In dem Roman »*Lobgesang auf Leibowitz*« lässt Walter M. Miller jr. Nordamerika nach einem verheerenden Atomkrieg in einen mittelalterlichen Zustand zurückfallen.[13] Als einzige Institution überlebt die katholische Kirche, und Generationen von Priestern bemühen sich mehrere Jahrhunderte lang, aus fragmentarischen Dokumenten und Relikten das Wissen und die Technologie der Vorkriegszeit zu rekonstruieren. James Lovelock[14] (den man vor allem als Urheber des »Gaia«-Konzepts kennt, das die Biosphäre mit einem sich selbst regulierenden Organismus vergleicht) fordert, ein »Anfänger-Handbuch für die Zivilisation« zusammenzustellen und Exemplare davon so großflächig zu verteilen, dass einige nahezu jede Eventualität überstehen werden; darin sollen landwirtschaftliche Techniken von der selektiven Züchtung bis zur modernen Genetik und in gleicher Weise auch andere Technologien beschrieben werden.

Die Verfechter der Long-Now-Idee weisen auf weitere zeitliche Horizonte hin, um uns daran zu erinnern, dass die Wohlfahrt ferner Generationen nicht durch unbesonnene Schritte in der Gegenwart aufs Spiel gesetzt werden sollte. Doch sie unterschätzen dabei womöglich die qualitativ neuen Folgen von Computer und Biotechnologie. Während Optimisten glauben, dass diese zu den in diesem Kapitel diskutierten Veränderungen führen werden, gehen Realisten davon aus, dass mit diesen Fortschritten neue Gefahren entstehen. Da diese Veränderungen sich jedoch beschleunigen, können alle Bemühungen, mehr als zwei Jahrzehnte vorherzusagen, nur im Nebel stochern. Die Aussichten sind so unbeständig, dass die Menschheit möglicherweise nicht einmal ein Jahrhundert übersteht, geschweige denn ein Jahrtausend – es sei denn, alle Länder würden eine risikoarme und nachhaltige Politik auf der Grundlage der gegenwärtigen Technologie beschließen. Das würde jedoch etwas Unmögliches verlangen: Neue Entdeckungen und Erfindungen müssten unterbunden werden. Realistischer ist die Vorhersage, dass das Überleben der Menschheit auf der Erde in diesem Jahrhundert so bedrohlichen Herausforderungen ausgesetzt sein wird, dass die Stärke der Radioaktivität in Nevada in tausend Jahren demgegenüber vollkommen irrelevant erscheinen wird. Im nächsten Kapitel geht es denn auch darum, dass wir von Glück reden können, die letzten fünfzig Jahre ohne Katastrophe überlebt zu haben.

3. Die Weltuntergangsuhr: Haben wir nur mit Glück so lange überlebt?

Der Kalte Krieg hat uns ernsteren Risiken ausgesetzt, als die meisten sie wissentlich akzeptiert haben würden. Die Gefahr der atomaren Zerstörung ist noch immer da, doch die aus der neuen Wissenschaft herrührenden Gefahren sind noch weniger beinflussbar.

Die schlimmsten Katastrophen der Menschheitsgeschichte wurden durch Naturkräfte – Überschwemmungen, Erdbeben, Vulkane und Wirbelstürme – und durch die Pest hervorgerufen. Im 20. Jahrhundert wurden die größten Katastrophen jedoch vom Menschen selbst verursacht: 187 Millionen, so eine Schätzung, sind in den beiden Weltkriegen und ihrer Folgezeit durch Krieg, Massaker, Verfolgung und politisch bedingte Hungersnot umgekommen.[1] Das 20. Jahrhundert war wohl das erste, in dem mehr Menschen infolge von Kriegshandlungen und als Opfer totalitärer Regimes ihr Leben verloren als aufgrund von Naturkatastrophen. Diese vom Menschen ausgelösten Katastrophen spielten sich jedoch ab vor dem Hintergrund wachsenden Wohlergehens, und zwar nicht nur in privilegierten Ländern, sondern auch in vielen Entwicklungsländern, in denen die Lebenserwartung sich nahezu verdoppelt und der Anteil der Armen abgenommen hat.

Die zweite Hälfte des 20. Jahrhunderts wurde von einer Gefahr beherrscht, die weit schlimmer war als alles, was bis dahin unsere Art bedroht hatte: der Gefahr des totalen Atomkriegs. Sie ist bislang abgewendet worden, doch mehr als vierzig Jahre lang schwebte sie über uns. Präsident Kennedy selbst sagte während der Kubakrise, dass die Wahrscheinlichkeit eines Atomkriegs »irgendwo zwischen eins zu drei und eins zu eins« lag. Es war natürlich ein kumulatives Risiko über mehrere Jahrzehnte: Die Reaktion auf eine Krise hätte jederzeit eskalieren und außer Kontrolle geraten können; durch Konfusion und Fehlkalkül hätten die Supermächte in die totale Vernichtung schlittern können.

Die Konfrontation während der Kubakrise von 1962 war dasjenige Ereignis, das uns näher als alles andere an den Rand eines nicht unbeabsichtigten nuklearen Schlagabtauschs brachte. Der Historiker Arthur Schlesinger jr., damals einer der Mitarbeiter Kennedys, sagte: »Dies war nicht nur der gefährlichste Moment des Kalten Krieges. Es war der gefährlichste Moment der menschlichen Geschichte. Nie zuvor hatten zwei rivalisierende Mächte gemeinsam die technische Fähigkeit besessen, die Welt zu vernichten. Zum Glück waren Kennedy und Chruschtschow zurückhaltende und nüchterne Politiker; sonst wären wir heute wahrscheinlich nicht mehr da.«[2]

Robert McNamara war damals Verteidigungsminister der Vereinigten Staaten, und er hatte diesen Posten auch während der Eskalation des Vietnamkriegs inne. Er sagte später: »Auch eine geringe Wahrscheinlichkeit einer Katastrophe ist ein hohes Risiko, und wir sollten es, wie ich meine, nicht länger akzeptieren. ... Das war, glaube ich, die Krise, die von allen Krisen des Kalten Krieges am besten gehandhabt wurde, aber wir sind, ohne es zu merken, mit knapper Not an einem Atomkrieg vorbeigekommen. Dass es nicht zum Atomkrieg kam, ist nicht unser Verdienst – zumindest mussten wir außer Klugheit auch Glück haben. ... Durch die Kubakrise wurde mir ganz klar, dass die unbegrenzte Kombination von menschlicher Fehlbarkeit (von der wir uns nie befreien können) und Atomwaffen mit der sehr hohen Wahrscheinlichkeit der Zerstörung ganzer Länder verbunden ist.«[3]

Während des Kalten Krieges wurden wir alle in dieses gewagte Spiel hineingezwungen. Wahrscheinlich haben selbst die Pessimisten das Risiko des Atomkriegs nicht auf fünfzig Prozent geschätzt. Es sollte uns daher nicht wundern, dass wir und unsere Gesellschaft überlebt haben; es war wahrscheinlicher als das Gegenteil. Das heißt aber nicht zwangsläufig, dass wir einem vernünftigen Risiko ausgesetzt waren, und es rechtfertigt auch nicht die Politik, welche die Supermächte über mehrere Jahrzehnte betrieben haben: nukleare Abschreckung durch die Androhung massiver Vergeltung.

War es das Risiko wert?

Angenommen, man lädt Sie zum russischen Roulette ein (bei dem eine der sechs Kammern eines Trommelrevolvers eine Kugel enthält) und sagt Ihnen, dass Sie im Fall des Überlebens fünfzig Dollar gewinnen. Der wahrscheinlichste Ausgang (fünf zu eins zu Ihren Gunsten) ist der, dass Sie am Ende besser gestellt sein werden: Sie leben noch und haben zusätzlich fünfzig Dollar in der Tasche. Dennoch wäre es unklug, ja sogar außerordentlich töricht, sich auf dieses Wagnis einzulassen, es sei denn, Ihr Leben wäre Ihnen wirklich wenig wert. Der Gewinn müsste sehr groß sein, bevor ein vernünftiger Mensch sein Leben bei diesen Chancen aufs Spiel setzen würde; viele kämen vielleicht in Versuchung, wenn der Preis nicht fünfzig, sondern fünf Millionen Dollar betrüge. Nicht anders wäre es, wenn Sie an einer Krankheit litten, bei der Sie ohne Operation eine sehr schlechte Prognose hätten; dann – aber auch nur dann – würden Sie sich zu einem chirurgischen Eingriff entschließen, der mit einer Wahrscheinlichkeit von eins zu sechs tödlich ausgeht.

Hat es sich also gelohnt, dass wir uns den Risiken unterwarfen, denen sich die ganze Erde während des Kalten Krieges ausgesetzt sah? Die Antwort hängt natürlich davon ab, wie groß die Wahrscheinlichkeit eines Atomkriegs wirklich war; das Beste, was wir in dieser Hinsicht tun können, ist, die Ansichten von Verantwortlichen wie McNamara zu akzeptieren, der sie offenbar als erheblich höher als eins zu sechs einschätzte. Die Antwort hängt aber auch davon ab, wie wir einschätzen, was ohne nukleare Abschreckung geschehen wäre: wie wahrscheinlich eine sowjetische Expansion gewesen wäre und ob man, wie der Slogan damals lautete, »lieber rot als tot« gewesen wäre. Es wäre interessant zu erfahren, wie hoch die übrigen Politiker das Risiko einschätzten, dem sie uns damals aussetzten, und welche Risiken die Mehrheit der Bürger akzeptiert hätte, wenn sie über die Gefahren Bescheid gewusst hätten. Ich selbst wäre nicht bereit gewesen, mich auf eine Wahrscheinlichkeit von eins zu sechs für eine Katastrophe einzulassen, die Hunderte Millionen von Menschen das Leben gekostet und den Baubestand all unserer Städte zerstört hätte, selbst wenn die Alternative in der Gewissheit bestanden hätte, dass die Sowjets Westeuropa besetzen. Und natürlich wären die verheerenden Folgen eines Atomkriegs nicht auf die Länder beschränkt geblieben, die glaubten, sich gegen eine wirkliche Bedrohung zu verteidigen, und deren Regierungen dieses Risiko stillschweigend eingegangen waren; dem größten Teil der Dritten Welt, deren Länder ohnehin schon Naturkatastrophen ausgesetzt waren, wurde dieses noch größere Risiko aufgezwungen.

Ein von der Wissenschaft angetriebener Rüstungswettlauf

Das *Bulletin of Atomic Scientists* wurde am Ende des Zweiten Weltkriegs von einer Gruppe von Chicagoer Physikern gegründet, die in Los Alamos am »Manhattan«-Projekt mitgearbeitet und die Atombomben konstruiert und gebaut hatten, die Hiroshima und Nagasaki zerstörten.[4] Es ist eine noch immer gut gehende und einflussreiche Zeitschrift, deren Schwerpunkte die Rüstungskontrolle und die Atompolitik sind. Als »Logo« prangt auf jedem Heft eine Uhr, und die Nähe ihrer Zeiger zu Mitternacht zeigt an, wie prekär die Weltlage ist beziehungsweise von den Herausgebern des *Bulletin* eingeschätzt wird. Alle paar Jahre (gelegentlich auch öfter) wird der Minutenzeiger vor- oder zurückgestellt. An diesen Anpassungen der Uhr von 1947 bis heute lässt sich der Verlauf der Krisen in den internationalen Beziehungen ablesen: Gegenwärtig stehen die Zeiger näher an »Mitternacht« als in den 1970er-Jahren. Die größte Gefahr zeigte die Uhr tatsächlich in den 1950er-Jahren an; in jener Zeit war es durchweg zwei bis drei Minuten vor Mitternacht. Das erscheint im Nachhinein als eine zutreffende Einschätzung. Sowohl die USA als auch die UdSSR legten in jenem Jahrzehnt Depots mit Wasserstoffbomben sowie Atomwaffen an. Rückblickend ist Europa in den 1950er-Jahren mit Glück von der atomaren Zerstörung verschont geblieben. So genannte taktische Atomwaffen (eine nannte man »Davy Crockett«) wurden auf Bataillonsebene bereitgehalten; die Sicherungen waren damals noch nicht so ausgefeilt wie später, und es bestand die reale Gefahr, dass aufgrund einer Fehlbeurteilung oder durch Unachtsamkeit ein Atomkrieg ausbrach, der, einmal vom Zaun gebrochen, hätte eskalieren und außer Kontrolle geraten können. Noch fragiler schien es um die Sicherheit bestellt gewesen zu sein, als Bomber mit weit schnelleren ballistischen Raketen ausgestattet wurden, die innerhalb einer halben Stunde den Atlantik überqueren konnten und dem angegriffenen Staat nur wenige Minuten für die verhängnisvolle Entscheidung ließen, ob er vor der Zerstörung seines Arsenals massiv zurückschlagen sollte.

Nach der Kubakrise bekam die atomare Gefahr einen höheren politischen Stellenwert, und man setzte sich nachdrücklicher für Rüstungskontrollabkommen ein, deren erstes ein 1963 unterzeichnetes Verbot von Atomtests in der Atmosphäre war. Der Wettlauf um noch »fortgeschrittenere« Waffen ließ jedoch nicht nach. McNamara schrieb, dass »praktisch jede technische Neuerung im Rüstungswettlauf von den Vereinigten Staaten ausging. Aber immer wurde sie rasch von der anderen Seite eingeholt.«[5] Ein Beispiel für dieses Syndrom war die wichtigste Entwicklung der späten 1960er-Jahre. Damals ersannen Ingenieure die Möglichkeit, mit einer einzigen Rakete mehrere Sprengkörper zu befördern und einzeln auf unterschiedliche Ziele zu lenken. Diese MIRVs (das

Akronym steht für »multiple independently targeted reentry vehicle«), von amerikanischen Technikern entwickelt, wurden anschließend von ihnen und ihren sowjetischen Gegenspielern realisiert. Diese und andere Neuerungen führten am Ende dazu, dass sich beide Seiten in ihrer Sicherheit immer stärker bedroht fühlten. Man unterstellte dem Gegner, was immer er auch tat, den »schlimmsten Fall«, überschätzte die Gefahr und neigte zu Überreaktionen.

Eine weitere Neuerung – Antiraketenraketen zum Schutz von Städten und strategischen Punkten vor unbemannten Flugkörpern mit atomaren Sprengköpfen – wurde durch ein Abkommen zwischen den Supermächten, den ABM-Vertrag, gestoppt. Wissenschaftler halfen dieses Abkommen einzufädeln, indem sie hinter den Kulissen für die Einsicht warben, dass jede Abwehr das »Gleichgewicht des Schreckens« destabilisiere und zu Gegenmaßnahmen führe, die es aufhöben.

Anfang der 1980er-Jahre stand die Uhr des *Bulletins* wieder kurz vor Mitternacht. Damals wurden in Großbritannien und der Bundesrepublik Deutschland neue Mittelstreckenraketen stationiert, angeblich um der Androhung westlicher Vergeltung bei einem sowjetischen Angriff auf Westeuropa mehr Nachdruck zu verleihen. Die zentrale Frage war noch immer, wie man die ständige Gefahr einer Eskalation hin zum katastrophalen Atomkrieg vermindern konnte, gleichgültig, ob technisches Versagen, ein Fehlkalkül oder strategische Absicht die Ursache war. Mochte das Risiko in einem einzelnen Jahr auch gering sein – es hätten sich doch Wahrscheinlichkeiten multipliziert, wenn die Bedingungen sich nicht geändert hätten.

Der Atomwaffenvorrat in den 1980er-Jahren entsprach der Sprengkraft von zehn Tonnen TNT pro Kopf der Bevölkerung der Sowjetunion, Europas und Amerikas. Carl Sagan und andere lösten eine Debatte darüber aus, ob ein umfassender atomarer Schlagabtausch einen nuklearen Winter auslösen würde[6], ein weltweites Aussperren des Sonnenlichts, das einschließlich eines Massensterbens ähnliche Folgen auslösen würde wie der Aufprall eines riesigen Asteroiden oder Kometen. Die beste Vermutung war schließlich, dass selbst die Detonation von 10 000 Megatonnen keine längere weltweite Verdunkelung nach sich gezogen hätte, obwohl in der Modellrechnung noch immer Unsicherheiten stecken (besonders hinsichtlich der Frage, wie hoch die Staubwolke in die Stratosphäre hinaufreichen und wie lange sie sich dort halten würde). Das Szenario des »nuklearen Winters« warf jedoch die beunruhigende Aussicht auf, dass die Hauptopfer eines Atomkriegs die Bevölkerungen von Südasien, Afrika und Lateinamerika sein würden, die sich überwiegend nicht am Kalten Krieg beteiligten.

Dies war die Zeit der Strategischen Verteidigungsinitiative – »Star Wars« –, die dazu führte, dass die Argumentation für den ABM-Vertrag erneut bekräftigt wurde. Es war technisch offenbar unmöglich, einen »Schirm« aufzubauen, der auch nur annähernd das von Präsident Reagan verkündete Ziel zu erreichen vermochte, Atomwaffen »wirkungslos und obsolet« zu machen; Abwehrmaßnahmen begünstigten auf jeden Fall den Angriff. Dieser Vertrag wird jetzt erneut von den Vereinigten Staaten infrage gestellt, weil er sie daran hindert, ein Raketenabwehrsystem zu entwickeln, das der Abwehr mutmaßlicher Angriffe so genannter »Schurkenstaaten« dient. Gegen diese Art von Abwehrsystem wird vor allem eingewandt, dass es, selbst wenn es nach riesigen finanziellen Aufwendungen und Mühen funktionieren sollte, doch nichts gegen die eigentliche nukleare Bedrohung vonseiten der »Schurkenstaaten« ausrichten würde, die darin besteht, ohne technischen Aufwand eine Bombe per Lastwagen oder Schiff ins Zielland zu befördern. Eine Aufhebung des ABM-Vertrags wäre auch deshalb bedauerlich, weil sie der »Aufrüstung« des Weltalls den Weg ebnen würde. Antisatellitenwaffen sind prinzipiell machbar und könnten relativ leicht entwickelt werden. Verglichen mit der Aufgabe, eine Rakete in ihrer Flugbahn abzufangen, wäre ein Objekt in einer konstanten und berechenbaren Umlaufbahn eine leichte Beute: Kommunikations-, Navigations- und Überwachungssatelliten ließen sich ziemlich problemlos ausschalten. Ein weiteres Risiko besteht darin, dass ein »Schurkenstaat« versucht sein könnte, Müll auf eine Umlaufbahn zu schicken, was die Nutzung des Weltraums durch Satelliten mit niedriger Umlaufbahn vereiteln würde.

Solly Zuckerman, welcher der britischen Regierung lange als wissenschaftlicher Berater diente, prangerte (nach seiner Pensionierung) ebenso eloquent wie Robert McNamara den gefährlichen Aberwitz der Ereignisfolge an, durch die das amerikanische und sowjetische Atomwaffenarsenal zu einer grotesken »Overkill«-Kapazität angewachsen war. Er schrieb: »Der eigentliche Grund für die Irrationalität des ganzen Prozesses [war] der Umstand, dass Ideen für ein neues Waffensystem gar nicht vom Militär ausgingen, sondern von verschiedenen Gruppen von Wissenschaftlern und Technikern. ... Es waren Techniker, die eine neue Zukunft mit ihren Ängsten schufen, nicht weil es ihnen um ein visionäres Bild ging, wie die Welt sich entwickeln sollte, sondern weil sie nur das taten, was sie als ihre Aufgabe ansahen. ... Den Anstoß zu dem Rüstungswettlauf gaben unzweifelhaft die Techniker in staatlichen Labors und in den Industrien, welche die Rüstungsgüter produzieren.«[7]

Es waren überdurchschnittlich befähigte und kreative Leute in den Rüstungslabors, die diese bedrohliche Tendenz förderten. Nach Zuckermans Ansicht sind die Rüstungswissenschaftler »zu den Alchimisten unserer Zeit geworden, die an Geheimnissen arbeiten, die nicht enthüllt werden dürfen, von denen ein Zauber ausgeht, der uns alle ergreift. Sie sind wahrscheinlich nie im Krieg gewesen und haben nie seine Zerstörungen erlebt, aber sie verstehen sich darauf, die Mittel der Zerstörung zu ersinnen.«

Das schrieb Zuckerman in den 1980er-Jahren. Mittlerweile hätten vermutlich weitere Neuerungen den atomaren Rüstungswettlauf um einige Grade gesteigert, wenn nicht die Gesamtsituation sich total verändert hätte. Nach dem Ende des Kalten Krieges ließ die unmittelbare Gefahr eines massiven nuklearen Schlagabtauschs nach (obwohl die USA und Russland immer noch tausende Raketen besitzen). Das *Bulletin* stellte seine Uhr Anfang der 1990er-Jahre auf 17 Minuten vor Mitternacht zurück. Doch seitdem sind ihre Zeiger heimlich wieder vorgerückt: Im Jahr 2002 war ihre Position sieben Minuten vor Mitternacht. Wir stehen vor einer Proliferation von Atomwaffen (beispielsweise in Indien und Pakistan) und verwirrenden neuen Risiken und Ungewissheiten.

Von ihnen mag zwar nicht die Bedrohung durch eine plötzliche weltweite Katastrophe ausgehen – die Weltuntergangsuhr ist kein sonderlich geeignetes Bild –, doch sind sie alles in allem nicht minder beunruhigend und herausfordernd. Die lähmende, aber relativ berechenbare Politik der »Zeit der Stagnation« von Leonid Breschnew und die Rivalität der Supermächte bekommen zumindest im Rückblick fast etwas Anheimelndes. Riesige Atomwaffenarsenale blieben in den 1990er-Jahren erhalten, und sie existieren immer noch. Abrüstungsabkommen, welche die Menge der einsatzbereiten Atomwaffen verringern, sind zu begrüßen, aber sie werfen das Problem auf, wie mit den 20 000 bis 30 000 Bomben und Raketen verfahren werden soll, die bis heute übriggeblieben sind. Die bestehenden Abkommen fordern, dass die meisten dieser Sprengköpfe unbrauchbar gemacht werden. Im Sinne einer Sofortmaßnahme können sie in einen geringeren Bereitschafts- oder Alarmzustand versetzt werden; die Zieleinstellungen können gesperrt werden; Sprengköpfe können aus Raketen herausgenommen und getrennt gelagert werden. Damit erreicht man insgesamt eine Entschärfung der Situation, und es ist weniger Personal und Fachkunde erforderlich, um das Arsenal sicher zu verwahren. Es wird jedoch sehr viel länger dauern und selbst eine große technische Herausforderung darstellen, all diese Waffen endgültig loszuwerden und das in ihnen enthaltene Uran und Plutonium gefahrlos zu lagern. Hoch angereichertes Uran 235 lässt sich durch Vermischung mit Uran 236 ungefährlicher machen; es ist dann immer noch in friedlichen Atomreaktoren benutzbar. 1993 vereinbarten die Vereinigten Staaten mit Russland, im Laufe von zwanzig Jahren bis zu fünfhundert Tonnen zuvor waffenfähigen Urans in dieser verdünnten Form zu erwerben. Nicht so einfach ist die Beseitigung des Plutoniums. Die Russen zögern, dieses mühsam gewonnene Material wie »Abfall« zu behandeln, doch in den bestehenden Atomkraftwerken gibt es keine »Brut«reaktoren, die Plutonium direkt als Energielieferant verwenden können. Die besten Optionen sind, es zu vergraben, es durch Vermischen mit radioaktivem Abfall waffenunfähig zu machen oder es in einem Kernreaktor teilweise zu verbrennen. Richard Garwin und Georges Charpak schreiben: »Das gesamte überschüssige Material in Russland beläuft sich auf rund 10 000 Plutoniumwaffen und 60 000 Uran-Implosionswaffen. Dieses Material zu sichern stellt eine wahrlich beängstigende Aufgabe dar.«[8] Solange die Beseitigung dieses Materials nicht sichergestellt ist, muss für alle Waffen in der ehemaligen Sowjetunion die gefahrlose Aufbewahrung und ein verlässliches Bestandsverzeichnis gewährleistet werden, sonst könnte weit mehr auf Abwege geraten als der gesamte Vorrat der »kleinen« Atommächte. Es besteht begründete Sorge, wenngleich es an handgreiflichen Beweisen fehlt, dass Terroristen und Rebellen sich solcher Waffen bereits in den Turbulenzen des Systemwechsels Anfang der 1990er-Jahre bemächtigt haben könnten.

Der Bau einer Langstreckenrakete für den Transport eines kompakten Sprengkopfs liegt noch immer weit außerhalb der Möglichkeiten von Dissidentengruppen. Aber auch dies ist der Realisierbarkeit näher gerückt und darf nicht übersehen werden. So hat heute jeder Zugriff auf die Signale von GPS-Satelliten, und mit einem handelsüblichen Paket ließe sich eine Rakete vom Typ eines Marschflugkörpers steuern. Und eine in Bodennähe heranrasende Rakete wäre weit schwerer aufzuspüren und abzufangen als eine ballistische Rakete. Technisch weit anspruchsloser und ebenfalls von einer Raketenabwehr nicht erfassbar wäre die Detonation einer Waffe, die per Lastwagen oder Schiff herbeigeschafft wurde, oder der in jeder Großstadtwohnung mögliche Bau eines Sprengsatzes mit gestohlenem angereichertem Uran. Er würde, anders als eine von einer Rakete beförderte Bombe, keine Spur seiner Herkunft hinterlassen.

Wie man der Verbreitung von Waffen begegnet

Zumindest in einer Hinsicht könnte es, was die nukleare Szene betrifft, sehr viel schlimmer stehen. Die Zahl der Atommächte ist gestiegen, aber nicht so schnell, wie viele Experten vorhergesagt haben. Es könnten bis zu zehn sein, wenn man Länder wie Israel mitzählt, die den Besitz von Atomwaffen nicht offiziell zugeben; wenigstens zwanzig Länder wären aber, wenn sie gewollt hätten, in der Lage gewesen, die technischen Probleme zu meistern, doch sie haben jede Ambition nuklearer Art gemieden – zum Beispiel Japan, Deutschland und Brasilien. Südafrika hatte sechs Atomwaffen entwickelt, sie aber inzwischen demontiert.

Der 1968 verabschiedete Atomwaffensperrvertrag nahm Rücksicht auf den besonderen Status der fünf Mächte, die damals bereits Atomwaffen besaßen: die USA, Großbritannien, Frankreich, Russland und China. Um diese »Diskriminierung« den anderen Ländern schmackhafter zu machen, hieß es in dem Abkommen, diese Atommächte sollten »in gutem Glauben über effektive Maßnahmen zur Beendigung des Wettrüstens ... und zur Einstellung aller Testexplosionen von Atomwaffen für immer verhandeln«.

Der Atomwaffensperrvertrag stünde in einem günstigeren Licht, wenn diese Atommächte, um von sich etwas einzubringen, die eigenen Arsenale drastischer reduzieren würden. Nach den derzeit geltenden Abkommen wird es zehn Jahre dauern, bis die Amerikaner ihren Bestand auch nur auf 2000 Sprengköpfe gesenkt haben werden; außerdem werden die entschärften Sprengköpfe nicht unwiderruflich zerstört, sondern lediglich »eingemottet«. Auch mit einem umfassenden Testverbot, das die Entwicklung noch raffinierterer Waffen beschränken würde, haben die Atommächte sich Zeit gelassen. Die Vereinigten Staaten haben es abgelehnt, dieses Abkommen zu ratifizieren. Man gibt vor, gelegentliche Tests seien notwendig, um die »Zuverlässigkeit« der im Arsenal vorhandenen Waffen weiterhin zu gewährleisten, dass sie also auch explodieren, wenn sie sollen. Es wird darüber diskutiert, inwieweit die Funktionsfähigkeit durch Testen der einzelnen Komponenten, beispielsweise durch Computersimulation, sichergestellt werden könnte. Ob man diese Sicherheit überhaupt braucht, ist zumindest unklar, außer für einen Aggressor, der einen Erstschlag plant; eine Atomrakete bleibt auch dann ein Abschreckungsmittel, wenn die Wahrscheinlichkeit, dass ihre Nutzlast explodieren wird, nur fünfzig Prozent beträgt. Man behauptet außerdem, Tests seien erforderlich, um sich zu vergewisern, dass die Waffen »sicher« sind – dass sie also nicht bei versehentlichen Fehlgriffen explodieren oder gefährliche Radioaktivität freisetzen. Gegen ein umfassendes Testverbot wird des Weiteren vorgebracht, dass die Einhaltung sich nicht hinreichend verifizieren lasse. Unterirdische Tests von Bomben mit mehr als fünf Kilotonnen sind unzweideutig an ihren seismischen Auswirkungen zu erkennen, doch bei weniger als einer Kilotonne könnten die Signale in der Vielzahl kleinerer Erdbeben untergehen, und sie könnten dadurch gedämpft werden, dass solche Tests in großen Hohlräumen durchgeführt werden. Man diskutiert darüber, wie viele Erdbebenstationen für die Verifikation nötig sind und wie seismische Messungen durch nachrichtendienstliche Mittel oder durch Satellitenüberwachung ergänzt werden könnten. Wie es in einem Bericht der amerikanischen Nationalen Akademie der Wissenschaften heißt, ist es unmöglich, Tests unbemerkt durchzuführen, und man braucht derartige Maßnahmen nicht, um bestehende Waffenlager aufrechtzuerhalten, sondern nur, um neue, »fortgeschrittene« Waffen zu entwickeln.[9]

Ein umfassendes Testverbot würde die Weiterverbreitung allein nicht unterbinden, weil es durchaus möglich ist, eine Atombombe der ersten Generation ohne Test zu bauen. Jedoch würden die bestehenden Atommächte (besonders die Vereinigten Staaten) in ihren Bemühungen gestoppt, neuartige Bomben zu entwickeln, und dadurch das Klima für den Atomwaffensperrvertrag verbessert, der allen Atommächten die Pflicht auferlegt, ihre Waffendepots zu verringern. Wenn man die Weiterverbreitung verhindern will, ist es viel wichtiger, den Kompetenzbereich der Internationalen Atomenergie-Behörde in der Überwachung von frischem Kernmaterial und der Durchführung von Inspektionen vor Ort auszuweiten. Dies war natürlich das Problem, das die Krise um den Irak auslöste.

Entscheidend wird aber sein, ob Länder einen Anreiz sehen, dem Club der Nuklearmächte beizutreten. Die bestehenden Atommächte könnten etwas dagegen tun, indem sie den Atomwaffen eine geringere Bedeutung in ihrer Militärstrategie zuweisen. Aktuelle Äußerungen seitens US- und sogar britischer Offizieller über mögliche Angriffe mit Atomwaffen schwächerer Sprengstärke auf unterirdische Verstecke sind in dieser Hinsicht ein echter Rückschritt. Solche Erklärungen verwischen die nukleare Schwelle und machen den Einsatz von Atomwaffen weniger undenkbar; sie erhöhen den Anreiz für andere Länder, selbst in den Besitz von Bomben zu gelangen, einen Anreiz, der schon dadurch wächst, dass es anders offenbar nicht möglich ist, unliebsamem Druck vonseiten der Vereinigten Staaten zu begegnen, die bei »intelligenten« konventionellen Waffen einen solch großen technischen Vorsprung erlangt haben, dass die Supermacht sich in der Lage sieht, ihren Willen anderen Ländern unter minimalen Opfern an eigenen Soldaten aufzuzwingen.

Besorgte Wissenschaftler

Die Atomwissenschaftler von Chicago waren nicht die Einzigen, die sich abseits der offiziellen Politik bemühten, auf die Debatte über die atomare Bedrohung nach dem Zweiten Weltkrieg Einfluss zu nehmen. Eine andere Gruppe begründete eine Serie von Konferenzen, die sich nach dem Dorf Pugwash in Nova Scotia (Kanada) benannte, wo die erste dieser Konferenzen unter der Schirmherrschaft des kanadischen Millionärs Cyrus Eaton stattfand, der dort geboren war.[10] Die Teilnehmer an den ersten Pugwash-Konferenzen kamen sowohl aus der Sowjetunion als auch aus dem Westen und hatten überwiegend am Zweiten Weltkrieg mitgewirkt; sie waren an der Entwicklung des Bombenprojekts oder des Radarsystems beteiligt und hatten sich seitdem eine sachlich begründete Sorge bewahrt. Vor allem in den 1960er- und 1970er-Jahren, in denen es kaum offizielle Kanäle gab, sorgten die Pugwash-Konferenzen für wertvolle informelle Kontakte zwischen den Vereinigten Staaten und der Sowjetunion.

Einige bemerkenswerte Männer aus dieser Generation sind noch am Leben. Der älteste ist Hans Bethe, der 1906 in Straßburg im Elsass geboren wurde. Schon in den 1930er-Jahren war er ein bedeutender Kernphysiker. Er ging von Deutschland in die USA, um einen akademischen Posten zu übernehmen, und wurde während des Zweiten Weltkriegs Leiter der theoretischen Abteilung in Los Alamos. Anschließend kehrte er an die Cornell University zurück, wo er sich auch in diesem Jahrhundert weiterhin für Rüstungskontrolle einsetzt und sich der Forschung widmet (gegenwärtig gilt sein Interesse hauptsächlich der Theorie explodierender Sterne und Supernovae). Bethe ist zweifellos einer der weltweit angesehensten lebenden Physiker, nicht nur wegen seiner wissenschaftlichen Leistungen, sondern auch, weil er sich nachhaltig um die Implikationen der Wissenschaft kümmert. Er ist wohl der einzige Physiker, der seit über 75 Jahren hervorragende Arbeiten publiziert. 1999 verhärtete sich seine Haltung zur militärischen Forschung, und er forderte die Wissenschaftler auf, »sich nicht länger an der Schaffung, Entwicklung, Verbesserung und Herstellung von Atomwaffen und anderen potenziellen Massenvernichtungswaffen zu beteiligen«, weil dies das Wettrüsten anheize.[11]

Ein anderer Veteran von Los Alamos, den kennen zu lernen ich die Ehre hatte, ist Joseph Rotblat. Zwei Jahre jünger als Bethe, erlebte er als Kind in Polen die Härten des Ersten Weltkriegs, und er begann seine Laufbahn als wissenschaftlicher Forscher in seinem Heimatland. 1939 verschlug es ihn als Flüchtling nach England, wo er bei dem bedeutenden Kernphysiker James Chadwick in Liverpool arbeitete; seiner Frau gelang es nicht mehr, ihm nachzureisen – sie kam in einem Konzentrationslager um. Rotblat nahm im Rahmen des kleinen britischen Kontingents am »Manhattan«-Projekt in Los Alamos teil. Er beschloss jedoch, seine Mitarbeit vorzeitig zu beenden, als die Niederlage Nazi-Deutschlands sich abzeichnete, weil das Bombenprojekt seiner Meinung nach nur als Gegengewicht zu einer denkbaren Atomwaffe in den Händen der Deutschen gerechtfertigt werden konnte. Er erinnert sich noch, wie er seine Illusionen verlor, als er General Groves, den Leiter des Projekts, schon im März 1944 sagen hörte, dass es der eigentliche Zweck der Bombe sei, »die Russen zu zähmen«.

Rotblat kehrte nach England zurück, wo er Professor für medizinische Physik wurde und auf dem Gebiet der Folgen der Strahlungsexposition bahnbrechende Untersuchungen durchführte. 1955 ermutigte er Bertrand Russell, ein Manifest zu verfassen, das eindringlich forderte, die nukleare Gefahr zu verringern.[12] Einstein erklärte sich in einer seiner letzten Handlungen bereit, als Mitunterzeichner aufzutreten. Dieses eloquente Manifest, dessen Urheber für sich in Anspruch nahmen, »bei dieser Gelegenheit nicht als Mitglieder irgendeiner Nation, eines Kontinents oder Glaubensbekenntnisses zu sprechen, sondern als Menschen, als Mitglieder der Spezies Mensch, deren Fortexistenz infrage steht«, führte zur Begründung der Pugwash-Konferenzen im Jahr 1957; seither ist Rotblat ihre »treibende Kraft« und ihr unermüdlicher Ideengeber. Als die Leistungen dieser Gremien 1995 mit dem Friedensnobelpreis gewürdigt wurden, war es angemessen, dass die Preissumme zur Hälfte der Pugwash-Organisation und zur Hälfte Rotblat persönlich zuerkannt wurde. Inzwischen 94, verfolgt Rotblat noch immer mit dem Schwung eines halb so alten Mannes seine unermüdliche Kampagne für die gänzliche Befreiung der Welt von Atomwaffen. Oft wird dies als ein unrealistisches Ziel verspottet, nach dessen Verwirklichung nur Randgruppen und verschrobene Spinner streben. Rotblat bleibt ein Idealist, aber ohne Illusionen über die Kluft zwischen Hoffnung und Erwartung, und seine Sache gewinnt an Anhängern.

»Die Behauptung, man könne auf ewig Atomwaffen beibehalten, ohne dass sie – versehentlich oder absichtlich – eingesetzt werden, entbehrt der Glaubwürdigkeit.« Diese entschiedene Erklärung stammt aus dem 1997 erstatteten Bericht der Canberra Commission, eines internationalen Gremiums, das von der australischen Regierung berufen wurde.[13] Zu ihm zählten außer Rotblat selbst Michel Rocard, der ehemalige Ministerpräsident Frankreichs, Robert McNamara sowie Heeres- und Luftwaffengeneräle außer Diensten. Die Kommission stellte fest, dass der einzige militärische Nutzen von Atomwaffen darin bestehe, andere von ihrem Einsatz abzuschrecken, und unterbreitete Vorschläge, wie man Schritt für Schritt auf politisch stabile Weise zu einer Welt ohne Atomwaffen gelangen kann.

Diejenigen, die aus friedlichen akademischen Laboratorien herausgerissen wurden, um sich am »Manhattan«-Projekt zu beteiligen, gehörten zu der, wie es im Rückblick scheint, »goldenen Generation« von Physikern: Etliche hatten an der Begründung unseres modernen Bildes von Atomen und Kernen maßgebenden Anteil. Ihnen war bewusst, dass das Schicksal sie in epochale Ereignisse hineinkatapultiert hatte. Die meisten kehrten wieder zu einer akademischen Tätigkeit an Universitäten zurück, doch die Sorge um die Atomwaffen ließ sie nicht mehr los. Alle waren von ihrer Beteiligung an der Entwicklung dieser Waffen grundlegend geprägt, allerdings auf sehr unterschiedliche Weise, wie es die Nachkriegskarriere der beiden bekanntesten Persönlichkeiten, J. Robert Oppenheimer und Edward Teller, belegt.[14] (Andrei Sacharow, der bekannteste sowjetische Gegenspieler dieser beiden Amerikaner, der einer etwas jüngeren Generation entstammte, hatte nach dem Krieg an der Entwicklung der Wasserstoffbombe mitgewirkt.)

Die Atomwissenschaftler von Chicago und die Pioniere der Pugwash-Bewegung gaben ein bewundernswertes Beispiel für Forscher aller Wissenschaftszweige, deren Arbeit schwer wiegende gesellschaftliche Auswirkungen hat. Sie sagten nicht, sie seien »nur Wissenschaftler«, und der Nutzen, der aus ihrem Wirken gezogen werde, sei Sache der Politiker. Sie vertraten hingegen die Auffassung, dass Wissenschaftler verpflichtet sind, die Öffentlichkeit auf die Implikationen ihrer Forschung aufmerksam zu machen, und sie sich darum kümmern sollten, wie ihre Ideen angewandt werden. Wir meinen, dass Eltern etwas fehlt, wenn sie sich nicht dafür interessieren, was aus ihren erwachsenen Kindern wird, auch wenn sie darauf im Allgemeinen keinen Einfluss haben. Ebenso sollten Wissenschaftlern die Ergebnisse ihrer Forschung nicht gleichgültig sein; segensreiche Nebenprodukte sollten sie begrüßen (und sogar zu fördern versuchen), doch sich gegen Missbrauch nach Kräften wehren.

Im gegenwärtigen Jahrhundert werden die Dilemmata und Gefahren von der Biologie, der Computerwissenschaft und der Physik ausgehen; auf diesen Gebieten ist die Gesellschaft dringend auf moderne Pendants von Männern wie Bethe und Rotblat angewiesen. Wissenschaftler an Universitäten und selbstständige Unternehmer haben eine besondere Verpflichtung, weil sie mehr Freiheit haben als Menschen im Staatsdienst und Angestellte von Firmen, die wirtschaftlichen Zwängen ausgesetzt sind.

4. Bedrohungen des neuen Jahrtausends: Terror und Fehler

Bioterror oder Bioirrtum könnten in den nächsten zwanzig Jahren Millionen Menschen das Leben kosten. Was lässt dies für spätere Jahrzehnte erahnen?

Ich beende dieses Kapitel im Dezember 2002, gut ein Jahr nach den Anschlägen vom 11. September auf die Vereinigten Staaten. Noch immer fürchtet man weitere Gräueltaten, die unserem kollektiven Gedächtnis Daten mit tragischem Hintergrund hinzufügen werden. Israel wird von einer Serie von Selbstmordanschlägen heimgesucht. Die Täter sind intelligente junge Palästinenser (männlichen und weiblichen Geschlechts) mit einem irregeleiteten Idealismus. Im ausgehenden 20. Jahrhundert hielten organisierte Terrorgruppen mit rationalen politischen Zielen (zum Beispiel jene, die in Irland aktiv sind) sich vor dem Schlimmsten, das sie hätten anrichten können, zurück, weil ihnen trotz ihrer verzerrten Wahrnehmung klar war, dass Aktivitäten, die eine bestimmte Schwelle überschreiten, ihrer Sache schaden würden. Die Al-Qaida-Terroristen, welche die Flugzeuge in das World Trade Center und auf das Pentagon stürzen ließen, hatten solche Hemmungen nicht. Würden solche Gruppen in den Besitz einer Atomwaffe gelangen, so hätten sie keine Skrupel, diese im Zentrum einer Großstadt zu zünden und Zehntausende mit sich in den Tod zu reißen – und

Millionen Menschen in aller Welt würden sie als Helden feiern. Erheblich katastrophaler könnten die Folgen sein, sollte ein zum Selbstmord entschlossener Fanatiker sich absichtlich mit Pocken infizieren und eine Epidemie auslösen; in Zukunft könnte es noch tödlichere Viren geben (für die es kein Gegenmittel gibt).

Über die Sorgen, welche sich wohl informierte Wissenschaftler in den 1950er-Jahren im Hinblick auf die nukleare Bedrohung machten, hieß es im »Russell-Einstein-Manifest«: »Keiner von ihnen wird sagen, dass die schlimmsten Ergebnisse feststehen. Sie sagen nur, dass diese Ergebnisse möglich sind, und niemand kann sicher sein, dass sie nicht verwirklicht werden. Wir haben bisher nicht feststellen können, dass die Ansichten der Experten über diese Fragen in irgendeinem Ausmaß von ihrer politischen Einstellung oder von Vorurteilen abhängen. Sie hängen nur, soweit unsere Untersuchungen gezeigt haben, vom Umfang des Wissens des jeweiligen Experten ab. Wir haben festgestellt, dass die [Experten], die am meisten wissen, am hoffnungslosesten sind.«

Das Gleiche könnte man heute über andere Risiken sagen, die nicht minder bedrohlich erscheinen. Die Technologie des 21. Jahrhunderts konfrontiert uns mit einer ganzen Reihe tödlicher Aussichten, die sich in der Zeit des Kalten Krieges noch nicht abgezeichnet hatten. Darüber hinaus sind die potenziellen Täter ebenfalls vielfältiger und schwerer fassbar geworden. Die vorrangigen neuen Bedrohungen sind »asymmetrischer« Natur: Sie gehen nicht von Nationalstaaten aus, sondern von Gruppen unterhalb dieser Ebene und sogar von Einzelnen.

Selbst wenn alle Länder den Umgang mit Nuklearmaterial und gefährlichen Viren strengen Regelungen unterwürfen, wäre es um die Chancen einer effektiven weltweiten Durchsetzung nicht besser bestellt als derzeit um die Durchsetzung von Gesetzen gegen illegale Drogen. Ein einziger Verstoß würde genügen, um eine größere Katastrophe auszulösen. Es ist einfach nicht möglich, solche Risiken gänzlich auszuschalten. Was aber viel schlimmer ist: Ihre Bedrohlichkeit und Unbeeinflussbarkeit nehmen offenbar zu. In jedem Land wird es immer unzufriedene Einzelgänger geben, und die »Macht«, die sie ausüben können, wächst. Hinzu kommen Gefahren ganz anderer Art. Im Cyberspace zum Beispiel spielt sich ein Wettlauf ab zwischen den Bemühungen, die Systeme robuster und sicherer zu machen, und der zunehmenden Findigkeit von Kriminellen, die in diese Systeme einzudringen und sie zu sabotieren versuchen.

Nuklearer Megaterror

Ein hohes Risiko stellt der nukleare »Megaterrrorismus« dar. Tom Clancys Roman »*The Sum Of All Fears*«, der im Jahr 2002 verfilmt worden ist, schildert die Zerstörung eines dicht besetzten Footballstadions durch einen entwendeten Atomsprengkörper.[1] Kernenergie ist, auf das Kilogramm bezogen, millionenfach wirksamer als chemische Explosionen. Die beim Anschlag von Oklahoma City verwendete Bombe, die mehr als 160 Menschen tötete – bis zum 11. September 2001 der schlimmste Anschlag in den Vereinigten Staaten –, entsprach etwa drei Tonnen TNT. Was in den Atomwaffenarsenalen der ehemaligen UdSSR und der USA liegt, besitzt die gleiche Sprengkraft – aber pro Kopf der Weltbevölkerung. Daher bleibt die Gefahr, sollte auch nur ein winziger Bruchteil dieses Arsenals – ein einziger der Zehntausende von vorhandenen Sprengköpfen – in die falschen Hände geraten, unverändert bestehen.

Es bedarf einer genau konfigurierten Implosion, um mit Plutonium betriebene Atombomben zu zünden. Damit sind hohe technische Anforderungen verbunden, die Terrorgruppen vielleicht nicht bewältigen können. Wenn man jedoch eine konventionelle Bombe mit Plutonium beschichtet, entsteht eine »schmutzige Bombe«. Unmittelbar nach der Detonation eines solchen Sprengkörpers würden nicht mehr Menschen sterben als bei einer großen konventionellen Bombe, aber weil ein weites Gebiet dabei gefährlich verstrahlt würde, wären die langfristigen Folgen verheerend. Ein noch größeres Terrorrisiko geht von angereichertem Uran (separiertem U-235) aus, weil die Erzeugung einer echten Kernexplosion mit diesem Material sehr viel leichter zu bewerkstelligen ist. Der mit dem Nobelpreis ausgezeichnete Physiker Luis Alvarez behauptete:»Mit modernem waffenfähigem Uran ... könnten Terroristen durchaus eine Explosion von großer Sprengstärke auslösen; sie bräuchten nur eine Hälfte des Materials auf die andere treffen zu lassen. Es ist den meisten offenbar nicht bewusst, dass die Auslösung einer Kernexplosion ein Kinderspiel ist, wenn man über abgetrenntes U-235 verfügt; dagegen gehört es zu den schwierigsten technischen Aufgaben, die ich kenne, eine Explosion herbeizuführen, wenn man nur Plutonium besitzt.«[2] Alvarez stellt die Herstellung einer Uranwaffe als allzu einfach hin. Es wäre jedoch eine Explosion möglich, wenn man mit einer Kanone oder einem Mörser eine subkritische Masse, die als Granate oder Kugel konfiguriert ist, auf eine andere subkritische Masse schießt, die als Ring oder Hohlzylinder geformt ist.

Eine Kernexplosion am World Trade Center, verursacht mit zwei Brocken angereicherten Urans von der Größe einer Pampelmuse, hätte das südliche Manhattan einschließlich der gesamten Wall Street auf einer Fläche von 7,5 Quadratkilometern verwüstet.[3] Während der Arbeitszeit gezündet, wären ihr Hunderttausende zum Opfer gefallen. Bei Angriffen auf andere Städte hätte die Zerstörung ähnliche Ausmaße. Auch mit konventionellen Sprengstoffen könnte man Katastrophen von annähernden Ausmaßen auslösen, wenn damit große Öl- oder Erdgastanks in die Luft gesprengt würden. (Der 1993 erfolgte Anschlag auf das World Trade Center hätte ebenso verheerend sein können wie der von 2001, wenn die Explosion an einer Ecke der Fundamente so angesetzt worden wäre, dass ein Turm gekippt und auf den anderen gestürzt wäre.)

»Den Drachen haben wir getötet, aber jetzt leben wir in einem Dschungel voller Giftschlangen«, sagte der ehemalige CIA-Direktor James Wolsey im Jahr 1990.[4] Er bezog sich auf die Turbulenzen nach dem Zusammenbruch der Sowjetunion und dem Ende des Kalten Krieges. Zehn Jahre später trifft sein Bild auf die schwer fassbaren Gruppen, die uns bedrohen, in erhöhtem Maße zu.

Diese kurzfristigen Risiken unterstreichen, wie dringlich es ist, das in den Republiken der ehemaligen Sowjetunion gelagerte Plutonium und angereicherte Uran zu sichern. Möglicherweise ist es schon zu spät. In den politischen Wirren der frühen 1990er-Jahre war die Kontrolle lax. Tschetschenische Rebellen und andere ethnische Gruppen könnten sich bereits Waffen angeeignet haben.

Im Jahr 2001 kürzten die Vereinigten Staaten eine vorgesehene Drei-Milliarden-Dollar-Hilfe für Russland und die anderen Staaten der ehemaligen Sowjetunion, die dazu beitragen sollte, Waffen zu verschrotten, wissenschaftliche Experten vom »Abwandern« abzuhalten und Plutonium sicher zu deponieren – Ziele, die gewiss eine weit höhere Priorität verdienen als die »nationale Raketenabwehr«. Als positive Entwicklung ist jedoch die Nuclear Threat Initiative zu verzeichnen, die unter dem Vorsitz des Ex-Senators Sam Nunn (und vorwiegend finanziert von CNN-Gründer Ted Turner) ihre Mittel und ihr politisches Gewicht einsetzt, um Maßnahmen zur Verringerung der Bedrohung zu fördern.

Der Terrorismus ist ein neues Risiko, das unsere Einstellung zu zivilen Atomkraftwerken beeinflusst – zusätzlich zu den schon bekannten Lasten wie den hohen Kapitalkosten, den Problemen der Außerdienststellung und der Hinterlassenschaft giftigen Mülls, die man künftigen Generationen aufbürdet. Ein Kraftwerk erzeugt Tag für Tag so viel Radioaktivität wie eine Kernexplosion mit der Sprengkraft von fünfzig Kilotonnen TNT. Nach jahrelangem Betrieb hat sich in einer solchen Anlage eine Strahlung angehäuft, die Hunderten von Megatonnen entspricht. Käme es zum größten angenommenen Unfall, dem Duchschmelzen, würde zehnmal mehr Cäsium-137 (mit einer Halbwertszeit von 30 Jahren) freigesetzt als in Tschernobyl.

Bei der Konstruktion von Atomreaktoren verfolgte man das Ziel, die Wahrscheinlichkeit der schlimmsten Unfälle auf weniger als eins pro Millionen »Reaktorjahre« zu reduzieren. Bei solchen Berechnungen müssen alle erdenklichen Kombinationen von Pannen und Teilsystem-Ausfällen berücksichtigt werden. Dazu gehört auch die Möglichkeit, dass ein großes Flugzeug auf das Containment stürzt.[5] Aus den Unterlagen über Flugzeugunfälle (und Schätzungen für die Zukunft) können wir entnehmen, wie viele Flugzeuge wahrscheinlich abstürzen werden. In ganz Europa und

Nordamerika sind es nur wenige pro Jahr. Die Wahrscheinlichkeit, dass eines auf ein bestimmtes Gebäude fällt, ist beruhigend gering – weit unter eins zu einer Million pro Jahr. Inzwischen wissen wir aber, dass dies nicht die korrekte Berechnung ist. Sie lässt nämlich die – mittlerweile albtraumhaft vertraute – Möglichkeit außer Acht, dass Kamikaze-Terroristen genau ein solches Ziel ansteuern könnten: sei es mit einem großen, voll getankten Jet, sei es mit einer kleineren Maschine voller Sprengstoff. Die Wahrscheinlichkeit eines solchen Ereignisses können auch die umsichtigsten Techniker oder Ingenieure nicht einkalkulieren, denn das ist eine Sache des politischen oder soziologischen Urteilsvermögens. Man müsste jedoch ein naiver Optimist sein, um sie geringer einzuschätzen als eins zu hundert pro Jahr. Hätte man in der Planungsphase von Atomkraftwerken diese hohe Schätzung bei der Risikoabschätzung zugrunde gelegt, so wären die heute existierenden Anlagen vermutlich nicht genehmigt worden. Vielleicht wird man bei künftigen Anlagen von so strengen Sicherheitsnormen ausgehen, dass Atomkraftwerke nur noch unterirdisch betrieben werden können.

Auf jeden Fall könnte sich die Bedeutung der Atomenergie in den nächsten zwanzig Jahren verringern, sollten die bestehenden Atomkraftwerke bei Beendigung ihrer regulären Betriebsdauer nicht ersetzt werden. Um nennenswert dazu beizutragen, die Emission von Treibhausgasen weltweit durch Atomenergie zu mindern, müssten Tausende neuer Kraftwerke errichtet werden. Von den Gefahren der Sabotage und des Terrorismus einmal abgesehen – das Unfallrisiko erhöht sich bei nachlässiger Betriebsführung. Die dürftigen Sicherheitsstandards mancher Fluglinien der Dritten Welt gefährden vornehmlich diejenigen, die mit ihnen fliegen; schlecht gemanagte Reaktoren stellen eine Gefahr dar, die auf Landesgrenzen keine Rücksicht nimmt.

Der Atomenergie könnte eine hellere Zukunft beschieden sein, wenn neuartige Spaltungsreaktoren gebräuchlich würden, welche die Probleme der Sicherheit und der Außerdienststellung heutiger Anlagen überwinden. Eine andere langfristige Perspektive bietet die Kernfusion: eine kontrollierte Version jenes Prozesses, welcher die Sonne in Gang hält und die Energie der H-Bombe liefert. Lange hat man die Fusion als eine unerschöpfliche Energiequelle gepriesen. Aber das Ziel ist in den Hintergrund getreten: Nach einem trügerischen Hoffnungsschimmer in den 1950er-Jahren, noch bevor die wahren Schwierigkeiten zutage traten, ist es bis heute bei dem Eindruck geblieben, dass man mindestens noch dreißig Jahre auf die Fusion wird warten müssen.

Der Hauptvorteil der Atomenergie, ob Fusion oder Spaltung, besteht darin, dass sie gleichzeitig zwei Probleme löst: die begrenzten Ölvorkommen und die globale Erwärmung. Doch sowohl Umweltschutz- als auch Sicherheitsgründe sprechen für erneuerbare Energiequellen. Diese werden sicherlich einen wachsenden Anteil des Weltenergiebedarfs decken, aber wenn es nicht zu technischen Durchbrüchen kommt, werden sie nicht den gesamten Bedarf befriedigen können. Windkraftparks allein werden nicht ausreichen, und die gegenwärtigen Anlagen zur Umwandlung von Sonnenenergie sind zu teuer und zu ineffizient. Wenn es jedoch gelänge, das Sonnenlicht durch ein billiges und effektives fotovoltaisches Material einzufangen, das man auf unfruchtbarem Land breitflächig auslegen kann, würde die so genannte »Wasserstoffwirtschaft« machbar: Solar erzeugter Strom würde Wasserstoff aus dem Wasser abspalten; dieser Wasserstoff kann dann in Brennstoffzellen eingesetzt werden, die den herkömmlichen Verbrennungsmotor ablösen.

Biogefahren

Beunruhigender als die nuklearen Gefahren sind die potenziellen Risiken der Mikrobiologie und der Genetik. Mehrere Länder haben seit Jahrzehnten in großem Umfang und weitgehend geheim chemische und biologische Waffen entwickelt. Ständig wächst das Wissen von der Schaffung und Verbreitung tödlicher Krankheitserreger, nicht zuletzt in den Vereinigten Staaten und Großbritannien, wo man gezielt nach Möglichkeiten forscht, biologische Angriffe abzuwehren. Der Irak wurde verdächtigt, ein offensives Programm zu verfolgen; mehrere andere Länder (zum Beispiel Südafrika) hatten an solchen Programmen in der Vergangenheit gearbeitet.

In den 1970er- und 1980er-Jahren hat die Sowjetunion in nie gekanntem Ausmaß Wissenschaftler für die Entwicklung biologischer und chemischer Waffen eingespannt. Kanatjan Alibekow war einmal die Nummer zwei im sowjetischen Biopräparat-Programm; 1992 setzte er sich in die USA ab und verwestlichte seinen Namen zu Ken Alibek. Er hatte, wie er in seinem Buch »*Direktorium 15*« schreibt, mehr als 30 000 Mitarbeiter unter sich.[6] Er schildert die Bemühungen, Organismen zu verändern, um ihre Virulenz und die Resistenz gegen Impfstoffe zu steigern. Boris Jelzin gab 1992 zu, was westliche Beobachter seit langem vermutet hatten: 1979 hatte es in Swerdlowsk mindestens 66 ungeklärte Todesfälle gegeben – als Ursache wurden Milzbrandsporen ermittelt, mit denen ein Biopräparat-Labor fahrlässig umgegangen war.

Das Problem, der unerlaubten Herstellung von Atomwaffen auf die Spur zu kommen, ist gar nichts im Vergleich zu der Aufgabe, Staaten daraufhin zu überwachen, ob sie Abkommen über chemische und biologische Waffen einhalten. Und dies wiederum ist einfach, verglichen mit dem Problem, subnationale Gruppen und Individuen unter Kontrolle zu behalten. Biologische und chemische Kriegführung galten lange als billige Optionen für Staaten, die keine Atomwaffen haben. Um einen katastrophalen Anschlag durchzuführen, braucht man keinen Staat mehr, ja nicht einmal eine große Organisation; die erforderlichen Mittel könnten sich viele Privatpersonen beschaffen. Für die Herstellung von tödlichen chemischen Substanzen oder Toxinen benötigt man Anlagen von bescheidenem Format, die außerdem im Großen und Ganzen mit Anlagen identisch sind, in denen Medikamente oder Pestizide produziert werden: Die Verfahren und die erforderlichen Kenntnisse sind »*dual use*«. Auch darin weichen sie von nuklearen Programmen ab, denn zur Urananreicherung, die man für effiziente Spaltungswaffen braucht, bedarf es komplizierter Anlagen, für die es keine erlaubte alternative Verwendung gibt. Um Fred Ikle zu zitieren: »Das Wissen und die Verfahren für die Herstellung biologischer Superwaffen werden verteilt sein auf Krankenhauslaboratorien, landwirtschaftliche Forschungsinstitute und friedliche Fabriken. Nur ein Polizeistaat könnte eine totale staatliche Kontrolle über solche neuen Mittel der Massenvernichtung gewährleisten.«[7] Eines Tages könnten Tausende, vielleicht sogar Millionen die Fähigkeit erlangen, »Waffen« zu verbreiten, die ausgedehnte (sogar weltweite) Epidemien hervorzurufen in der Lage wären. Eine Hand voll Anhänger eines todessüchtigen Kults oder auch nur ein verbitterter Einzelgänger könnte einen Anschlag auslösen. Es hat auch schon kleinere Bioanschläge gegeben, doch zum Glück waren die Aktionen zu primitiv oder zu ungeschickt ausgeführt, um auch nur an die Folgen eines gewöhnlichen Sprengstoffanschlags heranzureichen. Jünger des Kults um Bhagwan (das war der mit den gelben Roben und den fünfzig Rolls-Royce) kontaminierten 1984 einige Salatbars im Wasco County, US-Bundesstaat Oregon, mit Salmonellen, und 750 Personen wurden von Gastroenteritis befallen. Durch den Anschlag sollten offenbar Wähler daran gehindert werden, an einer örtlichen Abstimmung teilzunehmen; dahinter steckte die Absicht, auf die Entscheidung über einen Bauantrag der Kommune dieser Sekte Einfluss zu nehmen. Auf die Urheber dieser Epidemie kam man jedoch erst ein Jahr später, was die Schwierigkeit unterstreicht, die Täter eines biologischen Anschlags zu ermitteln. In den frühen 1990er-Jahren entwickelte die Aum-Shinrikyo-Sekte in Japan verschiedene Agenzien, darunter Botulismus-Toxin, Q-Fieber und Milzbrand. In der U-Bahn von Tokio setzten Mitglieder dieser Vereinigung das Nervengas Sarin frei, und zwölf Menschen kamen um; wäre es ihnen gelungen, das Gas besser in der Luft zu verteilen, so hätte der Anschlag weit mehr Opfer verlangt.

Im September 2001 wurden an zwei US-Senatoren und mehrere Medienunternehmen Briefe mit Milzbrandsporen verschickt. Fünf Menschen starben – eine Tragödie, die aber über das, was täglich bei Verkehrsunfällen geschieht, nicht hinausging. Infolge der ausführlichen Berichterstattung der Medien entwickelte sich jedoch – und das ist ein böses Omen – ein »Angstfaktor«, der das ganze Land erfasste. Man kann sich nur allzu leicht ausmalen, wie sich ein Anschlag mit Tausenden von Opfern auf die Psyche des Landes ausgewirkt hätte. Ein künftiger Anschlag könnte verheerendere Auswirkungen haben, wenn eine antibiotikaresistente Variante des Bakteriums verwendet und diese wirksamer verbreitet würde. Durch diese Bedrohung entsteht ein biologischer »Rüstungswettlauf«: Man bemüht sich, Medikamente und Viren zu entwickeln, die bestimmte Bakterien angreifen, und darüber hinaus Sensoren, die Krankheitserreger schon bei sehr geringer Konzentration aufspüren.

Was könnte ein Bioanschlag gegenwärtig bewirken?

Man hat viele Untersuchungen und Anstrengungen unternommen, um das mögliche Ausmaß einer Bioattacke und die Reaktion der Rettungsdienste abzuschätzen. Die Weltgesundheitsorganisation kam 1970 zu dem Ergebnis, dass 50 Kilo Milzbrandsporen, von einem Flugzeug aus mit dem Wind über einer Großstadt freigesetzt, fast 100 000 Menschen töten könnten. 1999 befasste sich die Jason-Gruppe, ein Gremium von angesehenen akademischen Wissenschaftlern, die das US-Verteidigungsministerium regelmäßig beraten, mit mehreren Szenarien.[8] Die Gruppe prüfte, was geschehen würde, wenn in der New Yorker U-Bahn Milzbrand zum Einsatz käme. Die Sporen würden im Tunnelsystem und durch die Fahrgäste verbreitet werden. Bei einer heimlichen Aussetzung könnten die ersten Anhaltspunkte erst einige Tage später ermittelt werden, wenn die Opfer (die sich bis dahin über das ganze Land verteilt haben würden) mit entsprechenden Symptomen ihre Ärzte aufsuchten.

Die Jason-Gruppe untersuchte auch die Wirkungen einer chemischen Substanz namens Ricin, welche die Ribosomen befällt und den Proteinstoffwechsel stört. Schon zehn Mikrogramm wirken tödlich. Dass der Sarin-Anschlag in der Tokioter U-Bahn nicht Tausende das Leben kostete, zeigt jedoch, dass die Ausbringung dieser Substanz technisch nicht so einfach ist. Man weiß heute Genaueres über Versuche mit der Verbreitung (ungiftiger) Aerosole, die in den 1950er- und 1960er-Jahren in den Vereinigten Staaten und Großbritannien durchgeführt wurden, und zwar in der Londoner und der New Yorker U-Bahn sowie in San Francisco.

Eine wirksame Verteilung in der Luft ist ein allgemeines Problem bei allen chemischen und biologischen Stoffen (wie Milzbrand), die nicht ansteckend sind. Es mag richtig sein, dass wenige Gramm eines Stoffes theoretisch Millionen Menschen töten könnten, aber es kann auch irreführend sein (so wäre es irreführend zu sagen, dass ein Mann hundert Millionen Kinder zeugen könnte; die Spermatozoen reichen sicherlich aus, doch die Verteilung und Zustellung wäre ein echtes Problem).

Bei Infektionskrankheiten ist die anfängliche Verbreitung nicht so wichtig wie bei Milzbrand (er kann nicht übertragen werden); schon eine örtlich begrenzte Freisetzung von Erregern könnte – besonders in einer mobilen Gesellschaft – eine ausgedehnte Epidemie auslösen. Von allen bekannten Viren dürften Pocken die größten Befürchtungen wecken. Der Weltgesundheitsorganisation gelang es in den 1970er-Jahren, die Krankheit durch eine großartige weltweite Anstrengung vollständig auszurotten. Doch statt das Virus restlos zu beseitigen, hat man es an zwei Orten aufbewahrt: im Center for Disease Control in Atlanta, USA, und in einer Moskauer Institution mit dem ominösen Namen Vektor-Laboratorium. Zur Begründung führte man an, mithilfe dieser Viren könnten Impfstoffe entwickelt werden. Es wächst jedoch die Sorge, dass es in anderen Ländern geheime Vorräte des Virus geben könnte.

Pocken sind hochgradig ansteckend (fast so ansteckend wie Masern), und Infektionen mit ihnen enden in etwa einem Drittel aller Fälle tödlich. Es wurden mehrere Studien darüber veröffentlicht, was geschähe, wenn dieses tödliche Virus zum Ausbruch käme. Selbst bei einer Eindämmung der Epidemie und nur Hunderten von Opfern könnten die Auswirkungen auf eine Großstadt verheerend sein. Es gäbe einen Ansturm auf die Arzneimittelvorräte, besonders wenn der Impfstoff knapp wäre. In Wirklichkeit könnte die Zahl der Opfer jedoch in die Millionen gehen, zumal dann, wenn das Virus gezielt verbreitet würde.

Im Juli 2001 wurde in einer Übung mit dem Titel »Dark Winter« ein verdeckter Pockenanschlag auf die Vereinigten Staaten mitsamt den Reaktionen und Gegenmaßnahmen simuliert.[9] An der Übung nahmen erfahrene Persönlichkeiten teil: Der ehemalige US-Senator Sam Nunn spielte den Präsidenten, und der Gouverneur von Oklahoma spielte sich selbst. Man nahm an, dass gleichzeitig an drei Orten – Einkaufszentren – in verschiedenen Bundesstaaten mit dem Pockenvirus kontaminierte Aerosolwolken ausgebracht wurden. Im schlimmsten Fall führte das Szenario zu drei Millionen Ansteckungsfällen (von denen ein Drittel gestorben wäre). Eine sofort eingeleitete Impfaktion hätte schließlich die Ausbreitung der Krankheit unterbunden (der Impfstoff ist noch vier Tage nach einer Infektion wirksam). Doch eine Infektion mit weltweiter Ausbreitung, wie sie bei einer erstmaligen Ausbringung auf einem Flughafen oder in einem Flugzeug zu erwarten wäre, könnte eine rasant um sich greifende Epidemie in Ländern auslösen, in denen der Impfstoff nicht so ohne weiteres verfügbar wäre wie in den Vereinigten Staaten, am schlimmsten vielleicht in den verstopften Megastädten der Dritten Welt. Da die Inkubationszeit zwölf Tage beträgt, würden sich diejenigen, die ursprünglich infiziert wurden, beim Auftreten des ersten Falles über die ganze Welt verteilt und sekundäre Infektionen verursacht haben. Für eine wirksame Quarantäne wäre es zu spät.

In dem BBC-Dokudrama *Smallpox 2002: Silent Weapon* infizierte ein einziger selbstmörderischer Fanatiker so viele Menschen, dass es zu einer Pandemie kam, die sechzig Millionen Menschenleben forderte. Dieses beängstigende Szenario beruhte auf einem (möglicherweise fragwürdigen) Computermodell über die Ausbreitung des Virus. Bei dem Versuch, die Entwicklung einer Epidemie darzustellen, benutzen Mathematiker einen Faktor, auf den es entscheidend ankommt: Dieser so genannte »Multiplikator« bezeichnet die Zahl der Menschen, die durchschnittlich von einem Opfer infiziert werden. In diesem Fall wurde der Wert mit 10 veranschlagt. Einige Experten haben jedoch eingewandt, Pocken seien nicht in dem Maße ansteckend, dass eine Ansteckung in der Regel nur nach mehrstündigem Kontakt erfolgt und die

Leichtigkeit, mit der eine infizierte Person die Krankheit überträgt, in diesen Szenarien übertrieben wird. Es gibt allerdings Beweise dafür, dass das Virus durch Luftströmungen verbreitet werden kann (so etwa 1970 in einem deutschen Krankenhaus, wo der Ausbruch rasch eingedämmt wurde). Nach Ansicht einiger Experten könnte der Wert 10 in einem Krankenhaus angemessen sein, während für die Gesellschaft insgesamt allenfalls 5 angenommen werden kann; andere gehen sogar nur von 2 als Multiplikator aus. Wie rasch sich eine Epidemie durch Massenimpfung oder Quarantäne eindämmen lässt, hängt entscheidend von solchen Unwägbarkeiten ab. Aber natürlich wäre sie sehr viel schwerer zu stoppen, wenn sie (wie in dem BBC-Szenario angenommen wurde) vor der Entdeckung auf Entwicklungsländer übergegriffen hätte, wo man auf einen solchen Notfall nicht so rasch und wirksam reagieren kann. Und es gibt sicherlich andere Viren, die leichter übertragbar sind. In Großbritannien hatte im Jahr 2001 eine epidemisch um sich greifende Maul- und Klauenseuche verheerende Folgen für die Landwirtschaft, obwohl man alles zu ihrer Eindämmung tat. Die Folgen wären weit schlimmer, wenn die Infektion in böswilliger Absicht verbreitet würde.

Bioanschläge bedrohen Menschen und Tiere, sie könnten sich aber ebenfalls als Gefahr für Pflanzen und Ökosysteme erweisen. Die Jason-Gruppe befasste sich auch mit einem auf mittlere Sicht denkbaren Szenario: dem Versuch, die landwirtschaftliche Erzeugung im Mittleren Westen der USA durch Einbringung von Weizen-Braunrost zu sabotieren; dieser natürlich vorkommende Pilz zerstört in Kalifornien gelegentlich bis zu zehn Prozent der Ernte.

Allen biologischen Anschlägen ist gemeinsam, dass sie erst entdeckt werden können, wenn es zu spät ist, möglicherweise sogar erst, wenn die Folgen sich weltweit ausgebreitet haben. Dass man in der organisierten Kriegführung bisher vom Einsatz von Biowaffen abgesehen hat, lag denn auch nicht nur an moralischen Bedenken, sondern ebenso daran, dass die militärischen Befehlshaber auf die zeitliche Verzögerung und die Ausbreitung keinen Einfluss haben. Diese Verzögerung ist aber gerade verlockend für den einzelgängerischen Dissidenten oder Terroristen, weil sich die Herkunft eines Anschlags – Zeitpunkt und Ort der Freisetzung des Krankheitserregers – leicht verschleiern lässt. Die Möglichkeiten der Früherkennung ließen sich verbessern durch eine unverzügliche landesweite Mitteilung und Analyse ärztlicher Informationen; so könnte man leichter ermitteln, wenn die Zahl der Patienten mit bestimmten Symptomen plötzlich ansteigt oder ein seltenes beziehungsweise anomales Syndrom an verschiedenen Orten nahezu gleichzeitig auftritt. Auf jeden Fall wird ein Anschlag Panik und Chaos hervorrufen. Die aufbauschende Berichterstattung über die im Jahr 2001 vorgekommenen Milzbrandattentate in den Vereinigten Staaten zeigte, dass ein örtlich begrenzter Anschlag einen ganzen Kontinent aus der Fassung bringen kann. Die Medien würden schon im Fall einer harmloseren Pockenepidemie durch Verstärken von Ängsten und Schüren von Hysterie dafür sorgen, dass das normale Alltagsleben weltweit durcheinander gerät.

Künstliche Viren?

Alle Epidemien vor dem Jahr 2000 (ausgenommen vielleicht die Milzbrandfälle 1979 in der UdSSR) wurden von natürlich vorkommenden Krankeitserregern verursacht. Die Fortschritte der Biotechnologie haben jedoch die biologische Gefahrenlage verschärft. In einem Bericht der amerikanischen Nationalen Akademie der Wissenschaften vom Juni 2002 heißt es:»Schon einige wenige mit Fachkenntnissen und Zugang zu einem Laboratorium wären fähig, ohne größere Kosten und Mühen eine Fülle von tödlichen biologischen Waffen herzustellen, die für die Bevölkerung der USA zu einer ernsten Gefahr werden könnten. Sie könnten solche biologischen Kampfstoffe außerdem mit Geräten herstellen, die im Handel erhältlich sind – Geräten, die ebenso dazu dienen, Chemikalien, Medikamente, Nahrungsmittel oder Bier zu produzieren, und die daher nicht auffallen. Die Entschlüsselung der Sequenz des menschlichen Genoms und die vollständige Aufklärung des Genoms zahlreicher Krankeitserreger ... ermöglichen es, die

Wissenschaft dafür zu missbrauchen, neue Agenzien der Massenvernichtung herzustellen.«[10]

Der Bericht weist zwar darauf hin, dass die neue Technologie auch den »Pluspunkt« hat, eine raschere Identifizierung von Krankeitserregern und eine schnelle Reaktion auf ihre Freisetzung zu ermöglichen, doch seine Gesamtaussage ist beunruhigend. Er räumt ein, dass es ein geschickter »Einzelgänger« vermag, eine katastrophale Epidemie hervorzurufen, wenngleich im Augenblick die Aufmerksamkeit vor allem Terroristengruppen gilt. In allen Ländern gibt es Menschen, die das nötige Wissen besitzen, um Genmanipulationen vorzunehmen und Mikroorganismen zu züchten. Wie George Poste, ein britischer Biotechnologe und Regierungsberater, der heute in den Vereinigten Staaten arbeitet, schreibt, »wäre es eine interessante Überlegung, ob [der ›Unabomber‹], hätte er in den 1990er-Jahren studiert, sich für Bomben entschieden oder es vorgezogen hätte, unauffällig etwas in einer Hamburger-Bude zu hinterlassen, denn heute steht in fast allen Universitäten der Welt ›Biotechnology 101‹ auf dem Lehrplan«.[11] (In den USA wurden die finanziellen Mittel für Bioabwehr im Jahr 2002 gewaltig aufgestockt. Das hat die unliebsame Nebenwirkung, dass das diesbezügliche Wissen noch weiter verbreitet wird.)

Eckard Wimmer und seine Kollegen an der New Yorker State University gaben im Juli 2002 bekannt, dass sie aus DNA und einer genetischen Blaupause, die aus dem Internet heruntergeladen werden kann, ein Poliovirus entwickelt hätten.[12] Dieses künstliche Virus war relativ ungefährlich, weil die meisten Menschen gegen Polio geimpft sind. Es wäre jedoch nicht schwieriger, Varianten herzustellen, die infektiös und sogar tödlich sein könnten. Experten ist seit Jahren bekannt, dass die von Wimmer durchgeführte Synthese prinzipiell machbar ist; einige kritisierten ihn, er habe aus Effekthascherei ein unnötiges Experiment durchgeführt. Für Wimmer war es jedoch eine »beängstigende Erkenntnis«, dass es so leicht fällt, Viren zu erzeugen. Viren wie das Pockenvirus, deren Genom größer ist als das des Poliovirus, stellen eine anspruchsvollere technische Herausforderung dar; außerdem würde sich das Pockenvirus nicht vermehren können ohne Hinzufügen eines

Replikationsenzyms von einem anderen Pockenvirus. Es wäre jedoch heute schon möglich, durch den Aufbau eines Chromosoms aus einzelnen Genen, wie es Wimmer gemacht hatte, kleinere und nicht minder tödliche Viren wie etwa HIV und Ebola herzustellen.

Bereits in wenigen Jahren werden die genetischen Blaupausen einer riesigen Zahl von Viren sowie von Tieren und Pflanzen, die in den Datenbanken von Labors archiviert sind, anderen Wissenschaftlern über das Internet zugänglich sein. Die Blaupause des Ebolavirus ist beispielsweise schon archiviert; es gibt Tausende von Menschen, die in der Lage sind, dieses Virus auf der Grundlage von DNA-Strängen, die im Handel zur Verfügung stehen, zusammenzubauen. In den 1990er-Jahren hatten Mitglieder der Aum-Shinrikyo-Sekte versucht, das natürlich vorkommende Ebolavirus in Afrika aufzutreiben, aber da es glücklicherweise selten ist, waren ihre Bemühungen erfolglos. Heute könnten sie es leichter in einem Küchenlabor zusammenbauen. Personalcomputer und das Internet haben Hobbyforschern ungeheure Möglichkeiten eröffnet. Auf einem Gebiet wie der Astronomie ist das eine bedeutsame Entwicklung, die man uneingeschränkt begrüßen kann. Ob es jedoch eindeutig gut ist, eine ausgefuchste Gemeinschaft von Amateur-Biotechnologen mit Spezialwissen auszustatten, darf zumindest bezweifelt werden.

Die Schaffung von »Designerviren« ist eine boomende Technologie. Und eine genauere Kenntnis des menschlichen Immunsystems ist zwar einerseits medizinisch von Vorteil, macht es andererseits aber jenen leichter, die das Immunsystem ausschalten möchten. Eine Reihe von verschiedenen künstlichen Viren, die sich weder durch Immunität noch durch irgendwelche Gegenmittel stoppen lassen, könnte weltweit noch katastrophalere Folgen haben, als Aids sie heute in Afrika hat (wo es Jahrzehnte des wirtschaftlichen Fortschritts zunichte macht): beispielsweise ein Äquivalent von Pocken, für das es keinen Impfstoff gibt, vielleicht sogar ein Virus, das sich noch schneller ausbreitet als Pocken, oder eine HIV-Variante, die auf die gleiche Weise übertragen wird wie Grippe, oder eine Version von Ebola mit einer längeren Inkubationszeit. (Ausbrüche dieser schrecklichen ansteckenden Krankheit sind zumeist begrenzt, weil sie so schnell wirkt; sie tötet ihre Opfer, indem sie diese körperlich verfallen lässt, noch ehe sie eine große Gelegenheit haben, andere zu infizieren. Aids kann sich dagegen so wirksam ausbreiten, weil es so langsam ist.) Wenn der Fähigkeit, neue Viren zu schaffen, nicht eine ebenso große Fähigkeit entspricht, Impfstoffe gegen sie zu schaffen und herzustellen, könnte es geschehen, dass wir genauso wehrlos sind wie die amerikanischen Ureinwohner, die den von europäischen Siedlern mitgebrachten Krankheiten deshalb erlagen, weil ihr Immunsystem darauf nicht vorbereitet war.

Es ist denkbar, dass Bakterienstämme entwickelt werden, die gegen Antibiotika immun sind. Solche Bakterien entstehen sogar schon auf natürliche Weise, durch darwinsche Auslese. Manche Krankenhausstationen wurden bereits durch »Bazillen« infiziert, die sogar gegen Vancomycin resistent sind, das Antibiotikum, zu dem man im äußersten Fall greift. Gentechnische Manipulation könnte wirksamer, als es natürliche Mutationen vermögen, »für Abwechslung sorgen«.[13] Möglich wäre es auch, dass neue Organismen geschaffen werden, die Pflanzen oder sogar anorganische Substanzen angreifen.

Bis zur genetischen Konstruktion synthetischer Mikroben ist es vielleicht nicht mehr weit. Craig Venter, der ehemalige Chef von Celera, der Firma, die das menschliche Genom sequenzierte, hat bereits angekündigt, dass er mittels der Schaffung neuer Mikroben seinen Beitrag leisten will, die weltweiten Probleme der Energieknappheit und der globalen Erwärmung zu lösen.[14] Ein Typ würde Wasser in Sauerstoff und Wasserstoff (für die »Wasserstoffwirtschaft«) aufspalten; andere Typen würden sich vom Kohlendioxid in der Atmosphäre ernähren (auf diese Weise also den Treibhauseffekt bekämpfen) und ihn in organische Substanzen jener Art umwandeln, die heute aus Erdöl und Gas hergestellt werden. Venter will ein künstliches Chromosom mit rund 500 Genen konstruieren und in eine existierende Mikrobe einbauen, deren Genom durch Strahlung zerstört wurde. Sollte dieses Verfahren funktionieren, so eröffnet es die Aussicht auf neue Lebensformen, die sich von anderen Stoffen in unserer Umwelt ernähren könnten. Man könnte beispielsweise Pilze schaffen, die von Polyurethan-Kunststoffen leben und diese beseitigen. Sogar Maschinen wären unter Umständen gefährdet: Speziell konstruierte Bakterien könnten Öl in ein kristallines Material verwandeln und auf diese Weise Maschinen zum Stillstand bringen.

Laborfehler

Nicht nur böswillige Absicht beschwört Gefahren herauf; fast ebenso beunruhigend sind die wachsenden Risiken, die auf Irrtümern und dem unvorhersehbaren Ergebnis von Experimenten beruhen.[15] Zu den Besorgnis erregenden Vorzeichen zählte ein Fall, der sich kürzlich in Australien ereignet hat. Ron Jackson war als Forscher am Animal Control Cooperative Research Centre in Canberra tätig, einem staatlichen Labor, das vornehmlich an der Verbesserung von Verfahren zur Eindämmung von Tierseuchen arbeitet. Zusammen mit seinem Kollegen Ian Ramshaw suchte er nach neuen Wegen, den Mäusebestand zu reduzieren. Ihre Idee war, das Mauspockenvirus so zu modifizieren, dass es praktisch zu einem ansteckenden, empfängnisverhütenden Impfstoff wurde, und damit Mäuse zu sterilisieren. Bei diesen Experimenten schufen sie Anfang 2001 versehentlich einen neuen, hochvirulenten Mauspockenstamm: Alle ihre Labormäuse gingen ein. Die beiden hatten ein Gen für ein Protein (Interleukin-4) eingebaut, das die Erzeugung von Antikörpern stimuliert und das Immunsystem der Mäuse unterdrückt; infolgedessen starben auch solche Nager, die zuvor gegen Mauspocken geimpft worden waren.[16] Wenn diese Wissenschaftler stattdessen mit dem Pockenvirus gearbeitet hätten, hätte es dann nicht geschehen können, dass es durch ihre Modifikationen noch virulenter geworden wäre, sodass die Impfung keinen Schutz dagegen geboten hätte? Wie Richard Preston sagt, »steht zwischen der menschlichen Gattung und der Schaffung eines Supervirus im Grunde ein gewisses Verantwortungsgefühl bei den einzelnen Biologen«.

Diese Art von Laborexperiment, bei dem Krankeitserreger entstehen, die gefährlicher sind, als man vorhergesehen hat, und vielleicht virulenter, als sie die Natur jemals zu entwickeln vermochte, ist ein Beispiel für eine Art von Gefahr, der sich Wissenschaftler in anderen Forschungsbereichen stellen (und die sie nach Möglichkeit minimieren) müssen. Zu diesen Bereichen gehört die Nanotechnologie (und sogar die physikalische Grundlagenforschung), ein Bereich, in dem die Folgen noch verheerender sein könnten. Die Nanotechnologie bietet großartige langfristige Aussichten, könnte aber eine noch schwerer wiegende Kehrseite haben als jeder Bioirrtum. So weit es auch noch von der Realisierung entfernt ist – man kann sich doch vorstellen, dass Nanomaschinen geschaffen werden, die Kopien von sich selbst herstellen können. Einmal losgelassen, könnte ihre Zahl exponentiell zunehmen, bis ihnen die »Nahrung« ausgeht. Bei sehr selektivem Verbrauch könnten diese Maschinen ein sinnvoller Ersatz für chemische Fabriken sein, ebenso wie »Designerbakterien«. Die Gefahr entsteht jedoch, wenn man in der Lage wäre, Nanomaschinen zu konstruieren, die gefräßiger sind als jedes Bakterium, die vielleicht sogar imstande sind, alle organischen Stoffe zu vertilgen. Bei effizientem Stoffwechsel und Nutzung der Sonnenenergie könnten sie sich dann ungebremst vermehren und die malthusianische Grenze erst erreichen, wenn sie alles Leben verschlungen hätten.

Eric Drexler hat dieser Ereignisfolge den Namen »Grauer-Schleim-Szenario« gegeben. Er schreibt: »›Pflanzen‹ mit ›Blättern‹, die nicht effizienter sind als heutige Solarzellen, könnten reale Pflanzen im Konkurrenzkampf niederringen und die Biosphäre mit ungenießbarem Blattwerk überfüllen. Robuste allesfressende ›Bakterien‹ könnten reale Bakterien niederringen. Sie könnten sich wie Pollenflug ausbreiten, sich jäh vermehren und die Biosphäre innerhalb von Tagen in Staub verwandeln. Gefährliche Replikatoren könnten sich leicht als zu zäh, zu klein und zu rasch um sich greifend erweisen, um sich noch aufhalten zu lassen – jedenfalls dann, wenn wir keine Vorkehrungen treffen. Es fällt uns schon schwer genug, Viren und Fruchtfliegen zu kontrollieren.«[17]

Die entstehende Bevölkerungsexplosion dieser »biovoren Replikatoren« wäre dann theoretisch fähig, innerhalb weniger Tage einen ganzen Kontinent zu verheeren.[18] Dies ist weitgehend ein theoretischer »schlimmster Fall«; gleichwohl enthalten solche Auspizien die Botschaft, dass, sollte jemals die Technologie sich selbst replizierender Maschinen entwickelt werden, eine rasch um sich greifende Katastrophe nicht auszuschließen wäre.

Kann die Gefahr des »grauen Schleims« ernst genommen werden, auch wenn wir unsere Vorherschau auf ein ganzes Jahrhundert ausweiten? Eine unkontrollierte pestartige Ausbreitung dieser Replikatoren würde nicht gegen fundamentale wissenschaftliche Gesetze verstoßen. Das macht sie aber nicht zu einem ernsthaften Risiko. Nehmen wir eine andere futuristische Technologie: Eine von Antimaterie angetriebene Raumrakete, die neunzig Prozent der Lichtgeschwindigkeit erreicht, ist mit grundlegenden physikalischen Gesetzen vereinbar – und dennoch wissen wir, dass ihre technische Verwirklichung in weiter Ferne liegt. Vielleicht sind diese hypereffizienten Replikatoren, die sich von der Biosphäre ernähren, ebenso unrealistisch wie ein »Sternenschiff«, ein weiteres Beispiel dafür, dass die »Umhüllungskurve« dessen, was mit allgemeinen physikalischen Gesetzen vereinbar (und folglich theoretisch möglich) ist, das Wahrscheinliche weit unter sich lässt. Sollten wir die Ideen von Drexler, Freitas und anderen als Panik machende Science-Fiction einstufen?

Viren und Bakterien sind selbst großartig konstruierte Nanomaschinen, und ein Allesfresser, der überall gedeihen könnte, wäre ein Gewinner in der natürlichen Auslese. Wenn, könnten Drexlers Kritiker sagen, diese Pest destruktiver Organismen möglich ist, warum ist sie dann nicht längst von der natürlichen Auslese entwickelt worden? Warum hat sich die Biosphäre nicht »auf natürliche Weise« selbst zerstört, und warum ist sie erst dann bedroht, wenn von fehlangepasster menschlicher Intelligenz geschaffene Kreaturen losgelassen werden?[19] Auf dieses Argument lässt sich entgegnen, dass Menschen gewisse Modifikationen zu bewerkstelligen vermögen, zu welchen die Natur nicht fähig ist: Genetiker können Affen oder Getreide in der Dunkelheit glühen lassen, indem sie ein Gen von einer Qualle transferieren, während die natürliche Auslese die Artenschranke nicht auf diese Weise überwinden kann. In gleicher Weise könnte die Nanotechnologie binnen weniger Jahrzehnte Dinge realisieren, zu welchen die Natur nie gelangen konnte.

Nach 2020 werden hoch komplizierte Manipulationen von Viren und Zellen zu einer alltäglichen Sache werden; integrierte Computer-Netzwerke werden viele Aspekte unseres Lebens übernommen haben. Alle Vorhersagen für die Mitte des Jahrhunderts gehören in den Bereich der Mutmaßungen und »Szenarien«. Bis dahin könnten Nanoboter eine Realität sein; es könnten sogar so viele Menschen versuchen, Nanoreplikatoren herzustellen, dass die Wahrscheinlichkeit, mit solch einem Versuch eine Katastrophe auszulösen, beträchtlich zunimmt. Weitere Gefahren kann man sich leichter vorstellen als effektive Gegenmittel.

Solche scheinbar Besorgnis erregenden Prognosen sollten die Aufmerksamkeit nicht von den vielfältigen, in diesem Kapitel beschriebenen Verwundbarkeiten ablenken, die bereits existieren und noch zunehmen. Die Aussichten sollten uns wenigstens so »pessimistisch« stimmen, wie es die bahnbrechenden Atomwissenschaftler vor einem halben Jahrhundert waren, als die nukleare Gefahr sich abzeichnete. Die Ernsthaftigkeit einer Gefahr ist ihre Größe, multipliziert mit ihrer Wahrscheinlichkeit: Auf diese Weise setzen wir unsere Sorge um Wirbelstürme, Asteroideneinschläge und Epidemien in Zahlen um. Wenn wir diese Berechnung auf die durch den Menschen verursachten Risiken anwenden, die uns in Zukunft erwarten, und sie alle zusammennehmen, werden die Zeiger der Weltuntergangsuhr noch näher an Mitternacht heranrücken.

5. Täter und Gegenmittel

Die Preisgabe des Rechts auf eine vor staatlichem Zugriff geschützte Privatsphäre mag noch der geringste Preis für die Aufrechterhaltung der Sicherheit sein, wenn eine Hand voll technisch versierter Individuen die menschliche Gesellschaft zu bedrohen vermag. Aber wäre selbst eine »transparente Gesellschaft« sicher genug?

Wir stehen am Beginn einer Ära, in der ein Einzelner durch einen heimlich geführten Anschlag Millionen töten oder eine Stadt auf Jahre hinaus unbewohnbar machen kann, in der eine Funktionsstörung im Cyberspace beträchtliche Teile der Wirtschaft weltweit lahmzulegen vermag, sei es der Luftverkehr, die Sromerzeugung oder das Finanzsystem. Es muss nicht einmal böse Absicht sein – schon Unfähigkeit könnte eine Katastrophe hervorrufen.

Aus dreierlei Gründen nehmen diese Gefahren zu. Erstens wird sich mit dem Fortschritt der Wissenschaft die Zerstörungs- und Störkapazität von Einzelpersonen, die sich in Genetik, Bakteriologie oder Computerwissenschaft auskennen, erhöhen. Zweitens wird die Gesellschaft sowohl international als auch im Rahmen des Nationalstaats zunehmend vernetzt und interdependent. Drittens hat schon ein örtlich begrenztes Unglück wegen der unverzüglichen Weitergabe von Nachrichten weltweite Auswirkungen auf Einstellungen und Verhaltensweisen.

Die hervorstechendste subnationale Bedrohung geht heute von

islamischen Extremisten aus, deren Motiv traditionelle Werte und Vorstellungen sind, die nichts mit den in den Vereinigten Staaten und in Europa vorherrschenden Werten und Vorstellungen zu tun haben. Andere Ursachen und Beschwerdegründe, die auch rational und zielstrebig verfolgt werden, können ebenso fanatische Handlungen von sektiererischen Gruppen oder gar von »Einzelgängern« inspirieren. Darüber hinaus könnte von manchen Menschen mit schwach ausgeprägter rationaler Denkweise – ihre Zahl könnte in den Vereinigten Staaten zunehmen – eine noch schwerer beherrschbare Gefahr ausgehen, wenn sie Zugang zu fortgeschrittener Technologie hätten.

Techno-Irrationalität

Optimisten glauben, eine wissenschaftliche oder technische Ausbildung verringere die Neigung zu extremer Irrationalität und Delinquenz. Dies wird aber von vielen Beispielen widerlegt. Die »Heaven's-Gate«-Sekte war zwar klein, gab aber einen Vorgeschmack auf das, was im technokratischen Westen geschehen könnte. In Kalifornien bildete eine »Zelle« von Sektenmitgliedern, die immerhin so geschickt waren, dass sie sich durch die Gestaltung von Webseiten für das Internet finanzierten, eine geschlossene Gemeinschaft.[1] Ihre fachliche Kompetenz und das genuine Interesse an Raumfahrttechnik und anderen Wissenschaften ging einher mit einem Glaubenssystem, das der Rationalität wissenschaftlichen Denkens Hohn spricht. Etliche Sektenmitglieder hatten sich sogar kastriert: Auf ihrer Webseite verkündeten sie das Bestreben, sich zu verwandeln in »einen physischen Körper, der zum wahren Reich Gottes – der übermenschlichen Evolutionsstufe – gehört, um diese zeitliche und vergängliche Welt zurückzulassen und in eine ewige und unvergängliche Welt einzugehen«.

Das Kommen der Wesen, von denen sie glaubten, dass diese sie auf diese höhere Ebene bringen würden, werde angekündigt von einem Kometen: »Die Annäherung des Kometen Hale-Bopp ist das ›Zeichen‹, auf das wir gewartet haben – es ist die Zeit der Ankunft des Raumschiffs von der übermenschlichen Ebene, das uns heimholen wird in ihre Welt. Wir sind glücklich und vorbereitet darauf, diese Welt zu verlassen.« Als dieser Komet, einer der hellsten des letzten Jahrzehnts, sich der Erde am nächsten befand, nahmen sich 39 Sektenmitglieder, darunter ihr Anführer Marshall Applewhite, auf aseptische, systematische Weise das Leben.

Kollektivselbstmorde sind natürlich nichts Neues – es gibt sie seit mindestens 2000 Jahren. Und sie reichen auch im Westen bis in die Gegenwart. Ein von Reverend James Jones angeführter messianischer Kult hatte sich an einen entlegenen Ort im südamerikanischen Guyana namens »Jonestown« zurückgezogen. 1972 veranlasste Jones alle 900 Anhänger zu einem Massenselbstmord mittels Cyanid.

Obwohl die moderne Technologie eine jederzeitige weltweite Kommunikation ermöglicht, macht sie es tatsächlich leichter, dass man sich in einen geistigen Kokon einspinnt. Die »Heaven's-Gate«-Gruppe brauchte sich nicht in den Urwald von Amazonien zurückzuziehen, um sich zu isolieren; wirtschaftlich autark dank des Internet, konnte sie alle Kontakte mit ihren realen leibhaftigen Nachbarn, ja mit allen »normalen« Menschen überhaupt abbrechen. Dafür hielt sie ausgewählte elektronische Verbindungen zu anderen Anhängern ihres Kults auf anderen Kontinenten aufrecht, die sie in ihrer Weltsicht bestärkten.

Theoretisch bietet das Internet Zugang zu einer beispiellosen Vielfalt von Meinungen und Informationen. Dennoch könnte es geschehen, dass Verständnis und Sympathie nicht wachsen, sondern schrumpfen, weil manche es vorziehen werden, sich auf eine Cyber-Gemeinschaft der Gleichgesinnten zu beschränken.[2] Cass Sustein, Juraprofessor an der Universität Chicago, schreibt in seinem Buch »*republic.com*«, das Internet erlaube uns, unseren Input zu »filtern«, sodass jeder ein »tägliches Ich« liest, das auf die persönlichen Vorlieben zugeschnitten ist und (eine tückischere Folge) von allem gereinigt ist, das die eigenen Vorurteile infrage stellen könnte. Statt sich mit anderen auszutauschen, deren Einstellungen und Vorlieben von den eigenen abweichen, werden in Zukunft viele »in selbst gewählten Echokammern leben«, in denen sie »von

Themen und Ansichten, die sie nicht selbst gesucht haben, unbehelligt bleiben. Man wird mit Leichtigkeit genau das zu sehen bekommen, was man sehen möchte, nicht mehr und nicht weniger. Noch ist es zu früh, die Wirkung des Internet auf die breite Masse vorherzusagen (besonders in einem internationalen Kontext). Es besteht aber die Gefahr, dass es die Isolation fördert und wir (wenn wir wollen) leichter die Kontakte im Alltag vermeiden können, die uns unweigerlich mit abweichenden Ansichten konfrontieren würden. Sustein spricht von einer »Gruppenpolarisierung«, durch die sich diejenigen, die nur mit Gleichgesinnten kommunizieren, in ihren Vorurteilen und Obsessionen bestärken und zu noch extremeren Positionen kommen.

Das Credo von »Heaven's Gate« war eine Mischung aus »New-Age«- und Science-Fiction-Vorstellungen. Diese Sekte war kein Einzelfall, sondern ist möglicherweise sogar Teil eines sich verstärkenden Trends. Die Raelianer, die ihren Sitz in Kanada haben, verzeichnen mehr als 50 000 Anhänger in über 80 Ländern. Claude Vorilhon, ihr Gründer und Anführer, ursprünglich Motorsportjournalist, behauptete, Außerirdische hätten ihn 1973 entführt und darüber informiert, dass die Menschheit mittels »DNA-Technologie« geschaffen worden sei. Die Raelianer setzen sich aggressiv für das Klonen von Menschen ein, das nicht nur ethisch fragwürdig ist, sondern auch Befürwortern dieser Technik bedenklich verfrüht erscheint.

Man könnte meinen, diese Sekten stammten aus den nämlichen »Randbezirken« der Gesellschaft wie Anhänger von Verschwörungstheorien, die nach UFOs Ausschau halten, und andere von gleicher Couleur. In den Vereinigten Staaten scheinen aber nicht minder bizarre Anschauungen fast schon gesellschaftsfähig zu sein. Millionen glauben an »die Entrückung«, bei der Christus zur Erde herniederfährt und die wahren Gläubigen in den Himmel hinaufholt, oder an das kommende tausendjährige Reich, wie es in der Offenbarung des Johannes geschildert wird. Die langfristige Zukunft dieses Planeten und seiner Biosphäre ist diesen Chiliasten, von denen einige in den Vereinigten Staaten zu Einfluss gelangt sind, gleichgültig.[3] (In der Regierung Reagan waren die Umwelt- und die Energiepolitik James Watt anvertraut, einem religiösen Fundamentalisten, der das Amt des Innenministers innehatte. Er glaubte, das Ende der Welt werde kommen, bevor das Öl zur Neige ginge und wir die Folgen der globalen Erwärmung oder der Entwaldung zu spüren bekämen, sodass es nahezu unsere Pflicht sei, die uns von Gott überlassenen Ressourcen der Erde verschwenderisch zu plündern.)

Manche Anhänger solcher Kulte gefährden nur sich selbst, wie etwa die Mitglieder von »Heaven's Gate«. Es wäre ungerecht, sie alle zu dämonisieren oder völlig entgegengesetzte Glaubensanschauungen in Bausch und Bogen zu verdammen. Noch sind die aufkommenden Kulte, verglichen mit den traditionellen Ideologien, natürlich nur eine unbedeutende Randerscheinung. Das Eifertum traditioneller religiöser Schwärmer kann in Verbindung mit dem Fanatismus und der Skrupellosigkeit der extremen Verfechter der Tierrechte in den Vereinigten Staaten und Großbritannien eine gefährliche Mischung ergeben, besonders wenn technische Fachkenntnisse hinzukommen. Das Internet erleichtert die Organisation von Gruppen und den Zugang zu technischem Wissen. Weil unser Wirtschafts- und Gesellschaftssystem immer enger vernetzt und dementsprechend verletzlicher wird, kann schon eine Hand voll Leute mit dieser Einstellung und Zugang zu moderner Technologie enorme »Macht« ausüben.

Mag auch ein einzelner Störfall keineswegs in einer großen Katastrophe enden, so könnte doch eine Reihe solcher Vorfälle, wenn deren psychologische Wirkung durch die Massenmedien verstärkt wird, insgesamt zersetzend sein. Das Bewusstsein, dass es jederzeit zu solchen Vorfällen kommen kann, wäre mit schwer wiegenden sozialen Kosten verbunden. An Orten, an denen mit Terroranschlägen gerechnet werden muss, wird man zögern, einen Bus zu benutzen, wenn man befürchtet, dass ein Selbstmordattentäter unter den Fahrgästen sein könnte; einem Fremden wird man nicht ohne weiteres behilflich sein; die Privilegierten werden sich in geschlossene Wohnkomplexe und Enklaven zurückziehen. Megaterror könnte weltweit einen solchen Zerfall der Gemeinschaft und des Vertrauens herbeiführen.

Diese Sorgen sollten für die einzelnen Länder und für die internationale Gemeinschaft ein zusätzlicher Anreiz sein, ungerechte Zustände abzubauen, die Unzufriedenheit hervorrufen. Doch die jüngsten Erfahrungen der Vereinigten Staaten machen deutlich, dass dem internen Problem nihilistischer oder apokalyptischer Sekten und gekränkter Einzelgänger auf diese Weise nicht beizukommen ist.

Ist aufdringliche Überwachung die am wenigsten schlechte Sicherung?

Ein Gegenmittel könnte darin bestehen, dass wir den Schutz unserer Privatsphäre völlig aufgeben und eine totale Überwachung mit neuartigen Verfahren hinnehmen. Technisch rückt eine allumfassende Kontrolle, die uns vor unliebsamen verborgenen Aktivitäten zu schützen vermag, in den Bereich des Möglichen. So erwägt man zum Beispiel für Straftäter auf Hafturlaub chirurgisch implantierte Sender. Den meisten von uns würde es ganz und gar nicht gefallen, alle Bürger einer solchen Behandlung zu unterwerfen, aber bei wachsender Bedrohung könnten wir uns möglicherweise mit der Notwendigkeit derartiger Maßnahmen abfinden, und die nächste Generation würde daran schon weniger Anstoß nehmen.

Eine orwellsche Überwachung im traditionellen totalitären Stil wäre schlechthin unannehmbar; sie würde mit jedem technischen Fortschritt immer aufdringlicher, wenn nicht gleichzeitig entsprechende Verschlüsselungsverfahren angewandt würden. Man könnte aber an eine gegenseitige Überwachung denken, bei der jeder von uns nicht nur den Staat, sondern auch jeden anderen »ausspionieren« könnte. Der Science-Fiction-Autor David Brin hat in »*The Transparent Society*« beschrieben, wie so etwas aussehen könnte, und dies gegenüber allen anderen Möglichkeiten, für eine sichere Zukunft zu sorgen, als das geringere Übel hingestellt.[4] Das würde natürlich eine Veränderung unserer Einstellungen erfordern, aber zu der kann es ja kommen. In Großbritannien ist die

Videoüberwachung an öffentlichen Orten verbreitete Praxis, und sie wird im Allgemeinen als beruhigende Sicherheitsmaßnahme akzeptiert, obwohl der Schutz der Privatsphäre dadurch verloren geht. Mehr und mehr Informationen über uns – was wir kaufen, wann und wohin wir reisen und so weiter – werden bereits auf »schlauen Karten«, mit denen wir einkaufen, auf Flugscheinen und jedesmal gespeichert, wenn wir das Mobiltelefon benutzen. Es erstaunt mich, wie viele meiner Freunde bereitwillig intime persönliche Dinge auf Webseiten preisgeben, die jedermann einsehen kann. Es ist daher vorstellbar, dass eine »transparente Gesellschaft«, in der abweichendes Verhalten nicht unentdeckt bleiben könnte, von ihren Mitgliedern allen Alternativen vorgezogen wird.

Solche futuristischen Szenarien, wie sie in Europa und den Vereinigten Staaten beschworen werden, mögen als nahezu bedeutungslos für den Rest der Welt erscheinen, wo die Armut verhindert, dass die Mehrheit auch nur die grundlegenden Annehmlichkeiten des 20. Jahrhunderts genießen kann. Diese Transparenz könnte sich jedoch, ebenso wie Mobiltelefone und das Internet, weltweit ausbreiten.

Wie würde sich das auf die Beziehungen zwischen reichen und armen Ländern auswirken? Über Afrika südlich der Sahara weiß kaum ein Nichtafrikaner Bescheid – er kennt es nur aus Filmen oder Fernsehnachrichten.[5] Wie würde sich die Wahrnehmung der US-Amerikaner und Europäer vom Rest der Welt ändern, wenn es nun direkte persönliche Verbindungen gäbe? Es wäre eine optimistische Annahme, dass das anschauliche »Echtzeit«-Erlebnis persönlicher Not – beispielsweise der Aids-Opfer, die nicht einmal einen Dollar pro Tag für die einfachste Betreuung aufbringen können – die Spendenbereitschaft stärker anregen würde als Briefe und Fotos, die denjenigen, die für herkömmliche Hilfsprogramme gespendet haben, hin und wieder zugehen. Es spricht jedoch wenig dafür, dass jene, die sich in Amerika in geschlossene Wohnkomplexe zurückziehen, um schon von den Armen in ihrer näheren Umgebung nicht behelligt zu werden, den verzweifelten Menschen in Afrika helfen würden. Auch wenn sie die Möglichkeit hätten, sich mit ihnen anzufreunden und Videokontakt herzustellen, würde das Mitgefühl rasch ermatten. Dies könnte ein weiteres Beispiel dafür sein, dass die Cyberwelt die Aufspaltung der Gesellschaft verschärft.

Den Menschen in Afrika und Südasien würde dagegen eindringlicher ihre relative Armut vor Augen geführt, besonders dann, wenn es billiger wäre – und das ist durchaus möglich –, ihnen Zugang zum Cyberspace zu verschaffen, als sie mit dem Notwendigsten an Hygiene, Nahrung und Gesundheitsfürsorge zu versorgen. Die Massen in den verarmten Ländern würden nicht mehr ergeben in ihrem Elend verharren, wenn ihnen der Kontrast zu den privilegierten Weltgegenden bewusst würde und sie die technische Möglichkeit erhielten, dort größeres Unheil anzurichten. Der Zorn auf den Westen und dessen Ablehnung werden nicht nur durch religiösen Fundamentalismus genährt. Würden sich alle Entwicklungsländer die so genannten westlichen Werte zu Eigen machen, so würden sich die Benachteiligten noch mehr über die ungleiche Verteilung der Segnungen der Globalisierung und über ein System wirtschaftlicher Anreize empören, das, statt der Not der Armen abzuhelfen, Überflüssiges für die Reichen schafft.

Können wir menschlich bleiben?

Bisher haben Religion, Ideologie, Kultur, Wirtschaft und Geopolitik die Gesellschaften geformt. All diese Elemente in ihrer ungeheuren Vielfalt waren Vorwände für innere Auseinandersetzungen und Kriege. Eines hat sich jedoch über die Jahrhunderte nicht verändert: die menschliche Natur. Aber im 21. Jahrhundert werden die Menschen selbst, ihr Bewusstsein und ihre Einstellungen, ja sogar ihr Körper durch Drogen, genetische Eingriffe und möglicherweise Silizium-Implantate im Gehirn verändert werden.

Künftige genetisch herbeigeführte Veränderungen des Menschen werden sich, wenngleich sie sehr viel schneller sind als alle natürlich vorkommenden evolutionären Veränderungen, doch über einige Generationen erstrecken. Dagegen könnten Wechsel in der Stimmung und der Mentalität auf dem Weg über Suchtdrogen (oder vielleicht durch elektronische Implantate) rascher ganze Bevölkerungen erfassen.

Die verbreitete gewohnheitsmäßige Einnahme stimmungsverändernder Medikamente, erklärt Francis Fukuyama in »*Das Ende des Menschen*«, verenge das Spektrum menschlicher Wesenszüge und lasse es verarmen.[6] Als Beispiele nennt er Prozac, mit dem Depressionen bekämpft werden, und Ritalin, mit dem die Hyperaktivität ansonsten gesunder Kinder gedämpft wird; damit wird bereits das Spektrum der Persönlichkeitstypen, die als normal und akzeptabel gelten, scharf umgrenzt. Fukuyama sieht eine weitere Einengung vorher, wenn andere Medikamente entwickelt werden sollten, die das bedrohen könnten, was in seinen Augen das Wesen unserer Menschlichkeit ausmacht.

Schon bald wird man durch die Injektion von Hormonen, die direkt auf das Gehirn einwirken, sehr viel wirksamere und »gezieltere« Persönlichkeitsveränderungen vornehmen können als mit Prozac und dergleichen. So konnte nachgewiesen werden, dass das Hormon PYY 3-36 Hungergefühle ausschaltet, indem es direkt auf den Hypothalamus einwirkt. Einer der beteiligten Forscher, Stephen Bloom vom Hammersmith Hospital in London, hat sich besorgt darüber geäußert, wohin diese Erkenntnis schon innerhalb von zehn Jahren führen könnte: »Wenn wir fähig sind, das Nahrungsbedürfnis der Menschen zu verändern, können wir andere tief sitzende Bedürfnisse ebenfalls verändern; der Hypothalamus ist auch der Sitz von zerebralen Bahnen, die den Sexualtrieb und die sexuelle Orientierung beeinflussen.«[7]

Fukuyama befürchtet, dass man Drogen allgemein einsetzen wird, um Stimmungs- und Verhaltensextreme zu dämpfen, und dass unsere Art zu blassen, fügsamen Zombies degenerieren könnte; die Gesellschaft würde zu einer negativen Utopie, die an Aldous Huxleys »*Schöne Neue Welt*« erinnert. Auch wenn wir äußerlich unverändert wären, würden wir nicht mehr im vollen Sinne menschlich sein. Fukuyama spricht sich für eine starke Einschränkung aller psychotropen Medikamente aus. Verbote müssten nicht einmal hundertprozentig wirksam sein, wenn das Ziel darin besteht, den Zeitpunkt hinauszuschieben, zu dem es möglich sein würde, sämtliche extremen Persönlichkeitstypen auszulöschen. Sollten Einzelne sich mit unerlaubten Mitteln oder in Ländern mit großzügigeren Regelungen Zugang zu Medikamenten verschaffen, so würde sich das kaum auf den Nationalcharakter auswirken.

Meine Sorge ist jedoch eine andere als die Fukuyamas. Die »menschliche Natur« umfasst eine reiche Vielfalt an Persönlichkeitstypen, zu denen allerdings auch diejenigen gehören, die sich zum unzufriedenen Randbereich hingezogen fühlen. Schon wenige Menschen dieses Schlages können in dem Maße destabilisierend und destruktiv wirken, wie ihre technischen Fähigkeiten und Kenntnisse wachsen und der Grad der Vernetzung unserer gemeinsamen Welt zunimmt.

Der Psychologe B. F. Skinner erklärte vor drei Jahrzehnten in seinem Buch »*Jenseits von Freiheit und Würde*«, dass der Zusammenbruch der Gesellschaft nur durch eine Art von geistiger Kontrolle abzuwenden sei; die »Konditionierung« der gesamten Bevölkerung sei die Voraussetzung einer Gesellschaft, in welcher deren Mitglieder gern leben würden und die niemand zu destabilisieren wünsche.[8]

Skinner war Behaviorist, und seine mechanistischen »Reiz-Reaktion«-Theorien sind mittlerweile diskreditiert. Das Problem, auf das er hinwies, ist aber inzwischen dringlicher geworden, weil schon eine einzelne »anomale« Persönlichkeit aufgrund der wissenschaftlichen Fortschritte schwere Zerstörungen anrichten kann. Besäße ein heutiger Psychologe die Kühnheit, ein Heilmittel vorzuschlagen, würde es ironischerweise Fukuyamas posthumanem Albtraum ähneln: eine Bevölkerung, die durch »Designerdrogen« und genetische Eingriffe, die Persönlichkeits»extreme« zu korrigieren vermögen, fügsam und gesetzestreu gemacht wäre. Möglicherweise wird die Gehirnforschung künftig sogar die Persönlichkeit von Menschen zu »modifizieren« imstande sein, deren geistige Verfassung sie dahin bringen könnte, auf gefährliche Weise unzufrieden zu werden – eine Aussicht auf eine noch schwärzere Antiutopie.

In Philip K. Dicks Science-Fiction-Fantasie »*Minority Report*«

(mittlerweile von Steven Spielberg verfilmt) können die »Präkogs«, geistig anomale Menschen, die speziell für diese Aufgabe gezüchtet wurden, diejenigen identifizieren, die in Zukunft wahrscheinlich Verbrechen begehen werden; potenzielle Straftäter werden vorsorglich aufgespürt und in Fässer gesperrt.[9] Sollten unsere Neigungen tatsächlich von der Genetik und der Physiologie determiniert sein (und es ist noch unklar, in welchem Maße sie es sind), dann wird es keiner psychischen Fähigkeiten bedürfen, potenzielle Verbrecher zu identifizieren. Man wird dann immer nachdrücklicher darauf drängen, diese Art vorbeugenden Handelns in der wirklichen Welt einzuführen, als Sicherung gegen die – mit jedem technischen Fortschritt verheerender werdenden – Anschläge, die ein einziger Krimineller begehen könnte.

Unsere Zivilisation ist, wie Stewart Brand bemerkt, »immer enger vernetzt und schwebt zunehmend über dem Abgrund auf dem kunstvollen Überbau einer hoch komplizierten Technologie, in der jeder einzelne Teil vom Erfolg jedes anderen Teils abhängt«.[10] Kann ihr Wesen gesichert werden, ohne dass die Menschheit ihre Vielfalt und ihren Individualismus opfern muss? Müssen wir, um zu überleben, von einem Polizeistaat eingeschüchtert werden, aller Freiheitsrechte beraubt oder von Tranquilizern in die Passivität getrieben?

Oder ließen sich die Gefahren dadurch vermindern, dass wir eine potenziell bedrohliche Wissenschaft und Technologie bremsen und bestimmte Bereiche wissenschaftlicher Forschung sogar gänzlich aufgeben?

6. Verlangsamung der Wissenschaft?

Die Wissenschaften des 21. Jahrhunderts bieten glänzende Aussichten, haben aber auch eine dunkle Kehrseite. Bereitet es schon Probleme, sich auf ethische Beschränkungen der Forschung oder die Aufgabe potenziell bedrohlicher Technologien zu einigen, so ist es noch schwerer, sie durchzusetzen.

In *Wired*, einem monatlich erscheinenden Hochglanzmagazin, das sich vorwiegend mit Computern und elektronischem Gerät befasst, begann im Jahr 2002 eine Serie von »langfristigen Wetten«.[1] Man wollte Vorhersagen über künftige Entwicklungen in Gesellschaft, Wissenschaft und Technologie zusammentragen und dadurch eine Debatte anregen. Esther Dyson, ein weiblicher Internet-Guru, sagte voraus, dass Russland innerhalb von zehn Jahren auf dem Softwarebereich eine weltweite Vormachtstellung erlangen werde. Physiker riskierten Wetten darüber, wie lange es bis zur Formulierung einer einheitlichen Theorie der fundamentalen Kräfte dauern werde, ja sogar darüber, ob es eine solche Theorie überhaupt gibt.[2] Auch wurde gewettet, dass ein heute lebender Mensch das Alter von 150 Jahren erreichen werde, was angesichts der raschen Fortschritte in der Medizin nicht unplausibel, aber insofern eine merkwürdige Wette ist, als die Prognostiker nicht damit rechneten, selbst alt genug zu werden, um noch den Ausgang zu erleben.[3]

Ich setzte 1000 Dollar auf eine Wette, »dass bis zum Jahr 2020 ein Fall von Bioirrtum oder Bioterror eine Million Menschen getötet haben wird«.

Natürlich hoffte ich inständig, diese Wette zu verlieren. Aber ich erwarte es nicht, wenn ich ehrlich bin. Diese Vorhersage bezog sich auf einen Zeitraum von weniger als zwanzig Jahren. Ich halte das Risiko selbst in dem Fall für hoch, dass neue Entwicklungen »auf Eis gelegt« werden und die potenziellen Verursacher solcher Gräueltaten bis dahin nur Zugang zu heutigen Techniken haben werden. Aber es gibt natürlich kein Fach, das sich rasanter entwickelt als die Biotechnologie, und mit ihren Fortschritten werden sich die Risiken verstärken, wird sich die Zahl der Risiken erhöhen.

Innerhalb der wissenschaftlichen Gemeinschaft scheinen sich entsprechende Befürchtungen in erstaunlichen Grenzen zu halten. Offenkundig sind mit neuen Technologien gewaltige potenzielle Vorteile verbunden, und die meisten Wissenschaftler meinen, dass den negativen Aspekten in vielen Fällen am besten mit noch mehr Technologie oder mit einer anders ausgerichteten Technologie zu begegnen ist; sie sind besorgt, dass wir vieles verpassen würden, wenn wir nicht weitermachen würden. In den Anfängen der Dampfmaschine kamen Hunderte von Menschen auf entsetzliche Weise um, weil Kessel mit Konstruktionsmängeln explodierten; auch die Luftfahrt war zunächst gefährlich. Die Mehrzahl der chirurgischen Eingriffe, auch derer, die heute routinemäßig durchgeführt werden, war zunächst riskant, und viele verliefen tödlich. Der Fortschritt war immer eine Sache von »Versuch und Irrtum«, aber die akzeptable Schwelle kann erhöht werden, wenn das freiwillig eingegangene Risiko und der mögliche »Gewinn« (wie im Fall von Operationen) groß sind. Freeman Dyson ist in einem Essay mit dem Titel »The Hidden Cost of Saying No« auf diese Frage eingegangen.[4] Er betont, dass die Entwicklung und Einführung neuer Medikamente aufgrund der langwierigen und kostspieligen Unbedenklichkeitsprüfungen vor ihrer Zulassung aufgehalten werden – gelegentlich zum Nachteil derer, deren Leben durch sie hätte gerettet werden können.

Etwas anderes ist es jedoch, wenn diejenigen, die dem Risiko ausgesetzt werden, nicht selbst darüber entscheiden können und keinerlei ausgleichenden Vorteil zu erwarten haben, wenn der »schlimmste Fall« verheerend sein könnte oder wenn das Risiko nicht quantifiziert werden kann. Viele scheinen sich hinsichtlich der Risiken auf eine fatalistische Haltung zu verlegen, oder sie nehmen optimistisch, wenn nicht sogar leichtfertig an, dass die »Nachteile« sich abwenden lassen. Ein solcher Optimismus kann unangebracht sein, und wir sollten uns daher fragen, ob die kaum beherrschbaren Risiken dadurch vermieden werden können, dass wir in manchen Bereichen »zurückschalten« oder die traditionelle internationale Offenheit der Wissenschaft opfern.

Wissenschaftler sehen ein, dass ihre Tätigkeit und die Anwendung ihrer Entdeckungen kontrolliert werden müssen. Biologische Fortschritte eröffnen eine ständig wachsende Zahl möglicher Anwendungen – das Klonen von Menschen, genetisch veränderte Organismen und dergleichen –, die einer gesetzlichen Regelung bedürfen. Fast jede anwendbare Entdeckung kann zum Guten wie zum Bösen genutzt werden. Kein verantwortungsbewusster Wissenschaftler würde sich so äußern die der teuflische Dr. Moreau in dem Roman von H. G. Wells: »Ich bin mit diesen Forschungen einfach genau den Weg gegangen, den sie mich führten. Ich stellte eine Frage, ersann eine Methode, eine Antwort zu bekommen, und stieß auf – eine neue Frage. ... Das Wesen vor Ihnen ist kein Tier mehr, kein Mitgeschöpf, sondern ein Problem. ... Ich wollte ... die äußerste Grenze der Gestaltungsmöglichkeit in einer lebenden Form finden.«[5]

Selbstbeschränkung der Wissenschaft

Eine Beschränkung ist offensichtlich gerechtfertigt, wenn die Experimente selbst ein Risiko darstellen, wenn sie beispielsweise gefährliche Krankeitserreger schaffen, die entweichen könnten, oder wenn sie extreme Energiekonzentrationen erzeugen. Manchmal erlegen Wissenschaftler sich selbst bei bestimmten Forschungslinien ein Moratorium auf. Ein Beispiel dafür war die 1975 vorgetragene Erklärung prominenter Molekularbiologen, von gewissen Experimenten Abstand zu nehmen, die durch die damals neue Technik der rekombinanten DNA ermöglicht wurden.[6] Sie entstand auf einer Konferenz, die Paul Berg von der Stanford University in Asilomar, Kalifornien, einberufen hatte. Bald hielt man das Moratorium von Asilomar für übervorsichtig, was aber nicht heißt, dass es in jener Zeit unklug war, denn damals war die Größe des Risikos wirklich unbekannt. James Watson, einer der beiden Entdecker der DNA-Doppelhelix, hält diesen Versuch einer Selbstregulierung rückblickend für einen Fehler.[7] (Watson ist hinsichtlich der Anwendungen der Biotechnologie insgesamt optimistisch und meint, wir sollten uns an der Nutzung neuer Erkenntnisse der Genetik zur »Verbesserung« der Menschheit nicht hindern lassen. Er fragte rhetorisch: »Wenn die Biologen nicht Gott spielen wollen, wer dann?«) David Baltimore, der in Asilomar dabei war, empfindet jedoch nach wie vor Stolz auf die damalige Erklärung; seiner Ansicht nach war es richtig, »die Gesellschaft aufzurufen, sich über die Probleme Gedanken zu machen, weil wir wissen, dass die Gesellschaft uns daran hindern könnte, die ungeheuren Vorteile aus dieser Forschung zu verwirklichen, wenn wir uns nicht mit ihr verständigen und ihr beim Nachdenken über die Probleme vorangehen«.

Die Erklärung von Asilomar schien ein ermutigender Präzedenzfall zu sein. Sie zeigte, dass eine internationale Gruppe führender Wissenschaftler sich auf eine Regelung verständigen konnte, die Selbstverleugnung verlangte, und dass der Einfluss dieser Gruppe auf die Forschergemeinschaft groß genug war, um die Einhaltung dieser Regelung sicherzustellen. Zur Selbstbeschränkung besteht mittlerweile sogar noch mehr Anlass, doch wäre ein freiwilliger Konsens heute weit schwerer zu erreichen: Die Gemeinschaft ist sehr viel größer geworden, und die (durch wirtschaftliche Interessen verschärfte) Konkurrenz hat an Härte gewonnen.

In vielen Ländern wurden amtliche Richtlinien geschaffen, und Tierversuche müssen genehmigt werden, aus humanen Gründen. Es gibt jedoch eine »Grauzone« von Experimenten, die, obwohl sie weder grausam noch gefährlich sind, Abscheu erregen und die Forderung nach umfassenderen Regelungen laut werden lassen.

Bioethiker sprechen vom »Igitt-Faktor«, um das emotionale Zurückschrecken vor Verletzungen dessen zu bezeichnen, was wir als die natürliche Ordnung wahrnehmen. Manchmal ist diese Reaktion nur ein gedankenloses Beharren auf dem Gewohnten, das in dem Maße schwindet, wie wir mit einer neuen Technik vertraut werden; Nierentransplantationen, ja sogar Hornhauttransplantationen lösten anfangs diese Reaktion aus, werden aber inzwischen weithin akzeptiert. Als Zeitungen das Bild einer Maus brachten, der man auf einer implantierten Schablone Gewebe in Gestalt eines Menschenohrs angezüchtet hatte, das fast so groß war wie die Maus selbst, kam es zu einer übertriebenen »Igitt«-Reaktion, obwohl versichert wurde, dass sich die Maus damit durchaus wohl fühlte und auf ihr Aussehen keinen Wert legte.

Ich selbst neige stark zu solchen »Igitt«-Reaktionen bei invasiven Versuchen, die das Verhalten von Tieren verändern. Am medizinischen Zentrum der State University von New York in Brooklyn pflanzten Physiologen Ektroden in Rattengehirne ein. Eine Elektrode stimulierte das zerebrale »Lustzentrum«; zwei weitere Elektroden aktivierten die Regionen, die Signale von den linken und rechten Schnurrhaaren der Ratten verarbeiteten. Diese simple Prozedur verwandelte die Tiere in »Roboratten«, die nach links oder rechts gelenkt und zu Verhaltensweisen gezwungen werden konnten, die direkt ihren Instinkten zuwiderliefen. Für die Ratten waren diese Prozeduren nicht zwangsläufig grausam, und sie unterschieden sich eigentlich auch nicht von der Art, in der Pferde oder Ochsen gelenkt oder angetrieben werden. Gleichwohl kann man in solchen Experimenten eine Vorahnung invasiver Modifikationen von Menschen und Tieren sehen, die sich gegen die – wie viele es empfinden – eigentliche Natur richten; ausgefuchsteste hormonale Verfahren der Beeinflussung von Denkprozessen werden die gleiche Reaktion hervorrufen.

Es ist vielleicht nur eine Minderheit, die so unangemessen auf diese Mäuse- und Rattenversuche reagiert. Manche Verfahren jedoch, deren Realisation nur noch eine Frage der Zeit sein dürften, lösen einen so starken Abscheu aus, dass sicherlich mit der Forderung nach einem Verbot zu rechnen ist; das gilt beispielsweise für das »Design« gefühlloser Tiere, die (wie man dann argumentieren würde) den moralischen Status von Pflanzen hätten und daher ohne ethische Bedenken auf entsetzliche Weise behandelt werden könnten. (Die Landwirtschaft würde dann von dem Druck befreit, die grausame Intensivhaltung in ihren Tierfabriken aufzugeben.) Hirnlose Hominoiden, deren Organe als Ersatzteile geerntet werden könnten, wären ethisch noch bedenklicher. Dagegen sollte die Transplantation der Organe von Schweinen und anderen Tieren auf Menschen keine größeren ethischen Bedenken wecken als der Verzehr von Fleisch, doch wird man dieses Verfahren (die Xenotransplantation) – unabhängig von seiner ethischen Bewertung – möglicherweise verbieten, wegen der Risiken, dass neue Tierkrankheiten in die menschliche Population eingebracht werden könnten. Die Züchtung eines Ersatzorgans *in situ* aus Stammzellen erscheint als die akzeptabelste Alternative zur Transplantationschirurgie, bei der man oft angespannt mit gespaltenen Gefühlen, wenn nicht gar begierig auf einen Autounfall oder sonst ein Unglück wartet, das zu dem geeigneten »Spender« verhilft.

Das Klonen von Tieren wird vielleicht schon bald Routine sein, doch Bemühungen, Menschen zu klonen, lösen eine allgemeine »Igitt«-Reaktion aus. Die Raelianer-Sekte besitzt angeblich schon Hunderte von geklonten Embryonen. Verantwortliche Wissenschaftler werden solche Versuche ablehnen, weil selbst bei einer nicht unterbrochenen Schwangerschaft damit zu rechnen ist, dass das solchermaßen gezeugte Kind schwere Schäden aufweist. Trotz der allgemeinen ethischen Bedenken und der hohen Wahrscheinlichkeit geschädigter Kinder ist es sicherlich nur noch eine Frage von Jahren bis zur Geburt des ersten geklonten Menschen.

Entscheidungen über mögliche Anwendungen der Wissenschaft – für die Medizin, die Umwelt und so weiter – sollten über die Kreise der Wissenschaftler hinaus diskutiert werden. Deshalb ist es wichtig, dass eine breite Öffentlichkeit wenigstens ein Grundverständnis von Wissenschaft hat und zumindest den Unterschied zwischen einem Proton und einem Protein kennt. Sonst würde die

Debatte über Schlagworte nicht hinauskommen, oder sie würde lautstark mit reißerischen Schlagzeilen in der Boulevardpresse geführt. Wenn es um Fragen der Ethik oder um die Risiken geht, sollten die Ansichten von Wissenschaftlern kein besonderes Gewicht haben[8], mehr noch, man sollte das Urteil darüber am besten breiteren, weniger involvierten Kreisen überlassen. Ein willkommenes Charakteristikum des öffentlich finanzierten Humangenom-Projekts bestand darin, dass ein Teil der Mittel ausdrücklich für die Diskussion und Analyse der ethischen und gesellschaftlichen Auswirkungen dieses Programms bestimmt war.

Die Zahlmeister der Wissenschaft

Die wissenschaftliche Forschung und unsere Motive, sie zu betreiben, sind nicht zu trennen von dem gesellschaftlichen Kontext, in dem diese Forschung durchgeführt wird. Die Wissenschaft ist die Grundlage der modernen Gesellschaft. Es hängt aber auch von den Einstellungen der Gesellschaft ab, welche Art von Wissenschaft interessant gefunden wird und welche Projekte bei Regierungen oder wirtschaftlichen Gönnern Anklang finden.

Es gibt mehrere Beispiele gerade aus den Wissenschaften, an denen ich selbst beteiligt bin. Riesige Maschinen für die Erforschung subatomarer Teilchen erlangten staatliche Finanzierung, weil sie von Physikern befürwortet wurden, die durch ihre Rolle im Zweiten Weltkrieg Einfluss gewonnen hatten. Die Sensoren, die von Astronomen benutzt werden, um die schwache Emission von fernen Sternen und Planeten einzufangen, wurden entwickelt, damit das US-Militär Vietnamesen im Dschungel aufspüren konnte; heute werden sie in Digitalkameras eingesetzt.[9] Und kostspielige wissenschaftliche Projekte im All – die Sonden, die auf dem Mars landeten und Nahaufnahmen von Jupiter und Saturn lieferten – sind Nutznießer des einstigen Kalten Krieges zwischen den Supermächten. Das Hubble-Weltraumteleskop wäre noch weit teurer gekommen, hätte es sich nicht Entwicklungskosten mit Spionagesatelliten geteilt.

Es liegt an solchen äußeren Einflüssen – und entsprechende Listen könnte man für andere Forschungsbereiche vorlegen –, dass die wissenschaftlichen Bemühungen suboptimal eingesetzt werden, was sowohl den rein intellektuellen Ertrag als auch den wahrscheinlichen Nutzen für die menschliche Wohlfahrt betrifft. Manche Bereiche hatten eine günstige Ausgangsposition und wurden überreichlich mit Mitteln bedacht. Andere, darunter die Umweltforschung, die erneuerbaren Energiequellen und Untersuchungen zur Biodiversität, verdienen stärkere Unterstützung. In der medizinischen Forschung haben die Krebsforschung und die Erforschung der Herz- und Gefäßkrankheiten, jener Leiden, die in wohlhabenden Ländern am bedrohlichsten sind, unverhältnismäßig viel Aufmerksamkeit erfahren, zum Nachteil der Infektionskrankheiten, die in den Tropen endemisch sind.

Die meisten Wissenschaftler betrachten Wissen und Verstehen dennoch als Dinge, die um ihrer selbst angestrebt werden sollten, und sind der Meinung, dass die »reine« Forschung nicht behindert werden darf, sofern sie sicher ist und keine ethischen Bedenken bestehen. Aber ist das eine allzu starke Vereinfachung? Gibt es Bereiche akademischer Forschung – jene Art von Wissenschaft, wie sie in Universitätslabors betrieben wird –, welche die Öffentlichkeit nach Möglichkeit beschränken sollte, wegen des Unbehagens, wohin sie führen könnten? Die beste Sicherung gegen eine neue Gefahr bestünde darin, der Welt jene Wissenschaft zu verweigern, welche ihre Grundlage bildet.

Aus strategischen Gründen fördern alle Länder verstärkt solche Wissenschaften, die wertvolle Nebenprodukte versprechen. (Die Molekularbiologie zum Beispiel wird gegenüber der Erforschung Schwarzer Löcher bevorzugt, und obwohl ich persönlich mich mit der Letzteren befasse, finde ich diese Benachteiligung nicht ungerecht.) Folgt daraus aber umgekehrt, dass einem Zweig »reiner« Forschung, obwohl er unbestreitbar interessant ist, die Unterstützung entzogen werden sollte, wenn Grund zu der Annahme besteht, dass das Ergebnis missbraucht werden wird? Ich denke ja, besonders da die gegenwärtige Mittelverteilung zwischen den einzelnen Wissenschaften das Ergebnis eines komplizierten »Spannungsverhältnisses« zwischen äußerlichen Faktoren ist. Natürlich kann man Wissenschaftler nicht völlig am Denken und Spekulieren hindern: Ihre besten Ideen kommen oft ungebeten, in der Freizeit. Ein akademischer Wissenschaftler, dem die Mittel gestrichen wurden, ist sich aber darüber im Klaren, dass Kürzungen von finanziellen Zuwendungen eine Forschungsrichtung einzuschränken vermögen, auch wenn sie sie nicht gänzlich zum Stillstand bringen können.

Sobald eine Untersuchung kurzfristig ein lukratives Nebenprodukt abzuwerfen verspricht, bedarf es nicht der staatlichen Finanzierung, weil kommerzielle Interessenten mit Kapital einspringen werden; die Untersuchung könnte dann nur durch staatliche Reglementierungen unterbunden werden. Solche Vorschriften würden auch die Mittelverwendung privater Wohltäter einengen. Betuchte Einzelpersonen können die Forschung verzerren – ein Amerikaner überließ der Texas A&M University fünf Millionen Dollar für Forschungen über das Klonen, weil er seinen betagten Hund zu klonen wünschte.[10]

Einem Forschungsbereich kann man nur im internationalen Konsens wirksam Schranken auferlegen. Würde ein einzelnes Land einschränkende Regelungen erlassen, so wanderten die dynamischsten Forscher und innovative Firmen in ein anderes Land aus, das aufgeschlossener oder großzügiger ist. Dies geschieht bereits in der Stammzellenforschung, einem Gebiet, für das einige Länder, besonders Großbritannien und Dänemark, relativ liberale Richtlinien erlassen haben und infolgedessen einen Zustrom von Wissenschaftlern erleben. Singapur und China versuchen mit noch verlockenderen Bedingungen für Forscher und ihre eben flügge gewordene Biotechindustrie, die Konkurrenz zu überholen.

Das Problem einer dirigistischen Wissenschaftspolitik ist, dass die Epoche machenden Fortschritte nicht vorhersehbar sind. Ich wies schon darauf hin, dass Röntgenstrahlen eine Zufallsentdeckung eines Physikers waren und nicht das Ergebnis eines medizinischen Sofortprogramms, Fleisch durchsichtig zu machen. Ein anderes Beispiel: Ein Projekt zur besseren Reproduktion von Musik hätte im 19. Jahrhundert in einem kunstvollen und mechanisch verwickelten Orchestrion geendet, uns aber nicht einen Schritt näher an die Verfahren herangeführt, die dann im 20. Jahrhundert benutzt wurden. Diese Verfahren waren das Ergebnis der von Neugier angetriebenen Forschungen von Michael Faraday und seinen Nachfolgern, welche die Natur der Elektrizität und des Magnetismus untersuchten. In jüngerer Zeit hatten die Pioniere des Lasers keine Vorstellung von den künftigen Anwendungen ihrer Erfindung (auf jeden Fall rechneten sie nicht damit, dass eine der ersten Nutzungen des Lasers der Einsatz bei Operationen zur Wiederherstellung einer abgelösten Netzhaut sein würde).

Wir können bei jeder Neuerung fragen, ob ihr Potenzial so beängstigend ist, dass man uns daran hindern sollte, sie weiterzuverfolgen, oder uns zumindest gewisse Beschränkungen auferlegen sollte. Die Nanotechnologie zum Beispiel wird wahrscheinlich die Medizin, Computer, Überwachungstechniken und andere praktische Bereiche umwälzen, sie könnte aber bis zu einem Stadium fortschreiten, in dem ein Replikator mit den damit verbundenen Gefahren technisch machbar würde. Dann bestünde – so wie heute bei der Biotechnologie – das Risiko einer katastrophalen »Freisetzung« (oder die Gefahr, dass die Technik als »Selbstmord«waffe benutzt werden könnte); einzige Gegenmaßnahme wäre dann eine nanotechnische Entsprechung eines Immunsystems. Um sich dagegen zu schützen, schlägt Robert Freitas ein Moratorium im Stil von Asilomar vor: Künstliches Leben sollte nur in Computerexperimenten erforscht werden, nicht aber durch Versuche mit einer Art »realer« Maschinen, und es sollte verboten sein, Nanomaschinen zu entwickeln, die sich in einer natürlichen Umwelt vermehren können. Ähnliche Besorgnisse könnten superintelligente Computer-Netzwerke und andere Extrapolationen gegenwärtiger Technologie wecken.

Geheimhaltung oder Offenheit?

Könnte man, statt einem ganzen Forschungsbereich Beschränkungen aufzuerlegen, die Risiken vielleicht dadurch verringern, dass man neue Erkenntnisse selektiv denjenigen versagt, die erwarten lassen, dass sie diese missbräuchlich anwenden werden? Regierungen haben seit jeher einen Großteil ihrer rüstungsbezogenen Forschung geheim gehalten. Dagegen wurde Forschung, die nicht für geheim erklärt (oder aus kommerziellen Gründen vertraulich behandelt) wurde, üblicherweise jedermann zugänglich gemacht. Die US-Regierung schlug im Jahr 2002 vor, Wissenschaftler selbst sollten die Verbreitung von neuen Erkenntnissen beschränken, die zwar nicht als geheim eingestuft, aber doch bedenklich sind und missbraucht werden könnten – und löste damit eine kontrovers geführte Debatte innerhalb der amerikanischen Wissenschaft und sogar in der Öffentlichkeit aus.

Was macht eine Universität, wenn ein anscheinend begabter Student mit einer großzügigen Spende, aber verdächtiger Herkunft sich immatrikulieren möchte, um in Kerntechnik oder Mikrobiologie zu promovieren? Mit dem Versuch, die Ausbildung potenzieller Straftäter zu verhindern, könnten wir die Verbreitung neuer Ideen allenfalls verzögern, zumal »hoch gefährliche« Personen ohnehin nicht zuverlässig identifiziert werden können. Manche mögen sagen, dass alles unternommen werden sollte, was die Entwicklung aufzuhalten vermag, und sei es auch noch so geringfügig. Dagegen könnten andere einwenden, dass es, wenn die Fähigkeit zur missbräuchlichen Anwendung gefährlichen Wissens sich ohnehin ausbreiten werde, sogar besser sei, möglichst viele ehemalige Studenten in ein Netzwerk einzubinden. Dadurch werde es unwahrscheinlicher, dass jemand ein größeres verbotenes Projekt verfolgt, ohne dass davon etwas in persönlichen Kontakten durchsickert. Selbst kleinere geheime Projekte seien bei größtmöglicher Offenheit der Kommunikation und einem starken internationalen Austausch schwerer zu verheimlichen. In der Praxis wird der Wechsel von Studenten und Wissenschaftlern aus einem Land ins andere durch selektive Einreisebeschränkungen der einzelnen Länder erschwert. Würde die Entscheidung den Universitäten überlassen, nähmen die meisten vermutlich hinsichtlich der Aufnahme von Studenten eine offene Haltung ein[11], während sie bei Gastwissenschaftlern strenger filterten.

Eine Maßnahme, über die schon diskutiert wird, bestünde in einem internationalen Abkommen, die Beschaffung und den Besitz von gefährlichen Krankeitserregern in allen Ländern unter Strafe zu stellen, wie es bereits für Flugzeugentführungen der Fall ist, und eine Atmosphäre zu fördern, in der das »Verpfeifen« belohnt wird. Einer der maßgeblichen Befürworter dieser Kampagne ist der Harvard-Professor Matthew Meselson, ein führender Experte für biologische Waffen.

Wissenschaftler sind die Urheber und zugleich die Kritiker ihres jeweiligen Fachs; für die Qualitätskontrolle sorgt die »Peer review«, die Begutachtung durch Fachkollegen, die der Veröffentlichung einer neuen Entdeckung in einer wissenschaftlichen Zeitschrift vorausgeht. Das ist ein Schutz vor unverdienten oder übertriebenen Entdeckeransprüchen. Gegen dieses Verfahren zur Wahrung des Ansehens der Wissenschaft wird jedoch immer häufiger verstoßen, sei es aus wirtschaftlichen Motiven, sei es wegen heftiger wissenschaftlicher Rivalität. Berichtenswerte Entdeckungen werden durch Pressemitteilungen oder auf Pressekonferenzen hinausposaunt, bevor sie von Kollegen begutachtet wurden. Andere Entdeckungen werden dagegen aus wirtschaftlichen Motiven geheim gehalten. Und bei der Erforschung »heikler« Gegenstände wie etwa tödlicher Viren stehen die Wissenschaftler vor einem Dilemma.

Zu einer Aufsehen erregenden Abweichung von den wissenschaftlichen Normen kam es 1989, als Stanley Pons und Martin Fleischmann, die damals an der University of Utah tätig waren, behaupteten, mit einfachstem Gerät bei Zimmertemperatur Kernenergie erzeugt zu haben.[12] Diese Mitteilung hätte, wäre sie glaubhaft gewesen, den Wirbel, den sie auslöste, wahrlich verdient: Die »kalte Fusion« hätte der Welt in unbegrenzter Menge billige und saubere Energie geliefert. Sie hätte zu den größten Entdeckungen des Jahrhunderts gezählt, mehr noch, zu den bedeutendsten Durchbrüchen seit der Zähmung des Feuers.

Aber rasch wurden fachliche Zweifel laut. Außergewöhnliche Behauptungen verlangen außergewöhnliche Beweise, und diese erwiesen sich in dem Fall als ziemlich dürftig. In den Angaben von

Pons und Fleischmann wurden Widersprüche aufgedeckt; Experimentatoren in mehreren Laboratorien vermochten das Phänomen nicht zu reproduzieren. Die meisten waren von vornherein skeptisch und argwöhnisch; binnen Jahresfrist herrschte allgemeiner Konsens darüber, dass die Ergebnisse falsch gedeutet worden waren – und doch gibt es noch immer einige »Gläubige«.

Mit einem ähnlichen Fall im Jahr 2002 ging man besser um. Eine Gruppe um den Wissenschaftler Rusi Taleyarkhan am Oak Ridge National Laboratory untersuchte einen rätselhaften Effekt, den man als »Sonolumineszenz« bezeichnet: Wenn starke Schallwellen eine Blasen bildende Flüssigkeit durchqueren, werden die Blasen komprimiert und senden Lichtblitze aus.[13] Die Forscher von Oak Ridge behaupteten, die implodierenden Blasen durch ein raffiniertes Verfahren so stark komprimiert zu haben, dass sie eine Temperatur erreichen, bei der eine Kernfusion ausgelöst wurde – eine flüchtige Miniaturversion des Prozesses, der die Sonne leuchten lässt und die Energie in einer Wasserstoffbombe erzeugt. Sie fanden nicht einmal bei allen Kollegen in Oak Ridge Glauben; die Behauptung erschien unplausibel, auch wenn sie nicht im gleichen Maß wie die kalte Fusion gegen »geheiligte Überzeugungen« verstieß. Taleyarkhan reichte jedoch einen Artikel bei der angesehenen Zeitschrift *Science* ein. Entgegen der Skepsis der Gutachter entschloss sich der Herausgeber, den Beitrag zu veröffentlichen, versah ihn allerdings mit der redaktionellen Anmerkung, dass seine Richtigkeit umstritten sei. Diese Entscheidung sorgte zumindest dafür, dass die Behauptung genauestens überprüft wurde.

Das Fiasko der »kalten Fusion« richtete langfristig keinen großen Schaden an, abgesehen davon, dass es den Ruf von Pons und Fleischmann und all denen beeinträchtigte, die sich ihnen kritiklos angeschlossen hatten. Und ob Taleyarkhan Recht hat, wird sich auf dem Wege der Debatte und der unabhängigen Wiederholung seiner Experimente in Kürze klären. Jede Behauptung von potenziell Epoche machender Bedeutung muss sich, sofern sie offen verkündet wird, auf eine gründliche Prüfung seitens der internationalen Expertengemeinschaft gefasst machen. Es ist daher unerheblich, wenn die Begutachtung durch Kollegen umgangen wird – Hauptsache, die Offenheit ist nicht beeinträchtigt.[14]

Doch angenommen, eine so außergewöhnliche Behauptung wie die von Pons und Fleischmann hätten ranghöhere Wissenschaftler aufgestellt, die an geheimen militärischen oder kommerziellen Projekten forschen. Was wäre dann geschehen? Sehr wahrscheinlich hätte die Öffentlichkeit nie von dieser Forschung erfahren; die Verantwortlichen hätten, sobald ihnen die unerhörte wirtschaftliche und strategische Bedeutung der »Entdeckung« aufgegangen wäre, ein massives geheimes Forschungsprogramm in Gang gesetzt, das, gegen eine offene Überprüfung abgeschirmt, riesige Mittel verschlungen hätte.

Etwas ganz Ähnliches hat sich in den 1980er-Jahren tatsächlich abgespielt. Das Livermore Laboratory, eine der beiden gigantischen staatlichen Forschungsstätten, die an der Entwicklung von Kernwaffen beteiligt waren, arbeitete an einem umfangreichen geheimen Programm mit dem Ziel, Röntgenlaser zu entwickeln. Es wurde im Rahmen der Strategischen Verteidigungsinitiative – »Star Wars« – von Präsident Reagan finanziert. Die Idee war, im All Laser zu stationieren, die durch eine Kernexplosion ausgelöst würden; im Sekundenbruchteil vor seiner Verdampfung sollte das Gerät starke »Todesstrahlen« erzeugen, die imstande waren, heranrasende feindliche Raketen zu zerstören. Unabhängige Experten übten nahezu einhellig vernichtende Kritik an dem Projekt. Es war aber das Geistesprodukt von Edward Teller und seinen Protegés; sie konnten, unter »abgeschirmten« Bedingungen tätig und mit Zugang zu gewaltigen Mitteln des Pentagons, buchstäblich Milliarden von Dollars in dieses verfehlte »Röntgenlaser«-Projekt hineinbuttern. Hätte einer von Tellers Wissenschaftlern eine neue Energiequelle präsentiert, kann man sich sehr gut ausmalen, wie sie hinter verschlossenen Türen beschwörend dafür geworben hätten, dass ein »Sofortprogramm« im nationalen Interesse liege. In diesen beispielhaften Fällen führt Geheimhaltung zur Verschwendung, zur Fehlleitung von Mitteln. Noch schlimmer wäre ein geheimes Projekt mit Risiken, die den Experimentatoren unbekannt wären oder von ihnen bagatellisiert würden, die aber die Mehrheit der außen stehenden Wissenschaftler veranlasst hätten, die Einstellung der Experimente zu fordern.

»Feinkörnige Aufgabe«

Ein einflussreicher Befürworter einer »langsameren Gangart« ist Bill Joy, Mitbegründer von Sun Microsystems und Erfinder der Computersprache Java.[15] Man war erstaunt, ein so tief empfundenes Unbehagen ausgerechnet in *Wired* zu lesen, formuliert von einem der Helden der Cybertechnologie, und sein Artikel »Why the Future Doesn't Need Us« [»Warum die Zukunft uns nicht braucht«, publiziert im Jahr 2000] wurde vielfältig kommentiert. Der Leitartikel der Londoner *Times* verglich Joys Artikel mit dem berühmten Memorandum der Physiker Robert Frisch und Rudolf Peierls, welche die britische Regierung 1940 auf die Machbarkeit einer Atombombe hinwiesen.

Joy richtet seinen Blick auf den fernen Horizont. Ihn ängstigt nicht, was Genetik und Biotechnologie in den nächsten zehn Jahren für uns bereithalten – Missbräuche der Genomik, das Risiko des Bioterrors durch Einzelne und dergleichen mehr –, sondern ihn beunruhigen die Gefahren, die in fernerer Zukunft von den auf der Physik basierenden Technologien ausgehen könnten. Besonders besorgt ist er über die »nicht mehr beherrschbaren« Folgen, die entstehen könnten, wenn Computer und Roboter die Menschen in ihren Fähigkeiten übertreffen. Was ihm vor allem Sorgen macht, ist nicht ein böswilliger Missbrauch der neuen Technologie, sondern lediglich, dass Genetik, Nanotechnologie und Robotik (die GNR-Technologien) sich unkontrollierbar entwickeln und »uns übernehmen« könnten.

Joy empfiehlt, die Forschung und Entwicklung, welche diese Gefahren heraufbeschwören könnten, »aufzugeben«: »Wenn wir als Gattung uns darüber verständigen könnten, was wir wollen, wo es hingehen soll und warum, dann würden wir dafür sorgen, dass unsere Zukunft sehr viel ungefährlicher ist – dann würden wir möglicherweise wissen, was wir aufgeben können und aufgeben sollten. Andernfalls können wir uns leicht vorstellen, dass um die GNR-Technologien ein Wettrüsten entsteht wie um die [nuklearen] Technologien im 20. Jahrhundert. Das ist vielleicht das größte Risiko, denn wenn ein solches Wettrüsten einmal begonnen hat, ist es schwer zu beenden. Diesmal befinden wir uns, anders als beim ›Manhattan‹-Projekt, nicht im Krieg mit einem unerbittlichen Feind, der unsere Zivilisation bedroht; was uns antreibt, sind stattdessen unsere Gewohnheiten, unsere Begierden, unser Wirtschaftssystem und unser konkurrierendes Wissensbedürfnis.«

Es wäre, wie Joy erkennt, nicht einfach, einen Konsens darüber zu erreichen, dass eine bestimmte Art von Forschung potenziell so gefährlich ist, dass sie auf sie verzichten sollten; selten können Menschen »sich als Gattung« – so Joys Wendung – selbst über offenbar dringlichere Imperative »verständigen«. Sogar einem einzelnen aufgeklärten Menschen wird es schwer fallen anzugeben, wo in der Forschung die Grenze zu ziehen ist. Die Frage ist daher, ob die Aufgabe hinreichend »feinkörnig« sein kann, um zwischen segensreichen und gefährlichen Projekten zu unterscheiden. Für neue Verfahren und Entdeckungen gilt insgesamt, dass sie einen erkennbaren kurzfristigen Nutzen haben, aber auch Schritte zu Joys langfristigem Albtraum sein werden. Die nämlichen Verfahren, die zu gefräßigen »Nanobotern« führen könnten, könnten zugleich nötig sein, um die Nanotech-Entsprechung von Impfstoffen zu schaffen, die uns gegen Nanoboter immunisieren könnten. Sollten geheime Gruppen eine gefährliche Forschung betreiben, so wäre es schwieriger, Gegenmaßnahmen zu ersinnen, wenn niemand sonst das einschlägige Wissen besäße.

Selbst wenn alle wissenschaftlichen Akademien der Welt sich darin einig sein sollten, dass bestimmte Forschungsrichtungen eine beunruhigende »Kehrseite« haben, und sämtliche Länder einstimmig ein förmliches Verbot verhängten, bliebe es offen, wie wirksam sich dieses durchsetzen ließe. Gewiss könnte ein internationales Moratorium einzelne Forschungsrichtungen verlangsamen, auch wenn es sie nicht gänzlich zu unterbinden imstande wäre. Ein ethisch begründetes Verbot, das mit einer Wirksamkeit von 99 oder auch nur 90 Prozent durchgesetzt würde, ist weit besser als überhaupt kein Verbot; bei überaus riskanten Experimenten müsste die Durchsetzung jedoch nahezu hundertprozentig wirksam sein, um uns beruhigen zu können: Schon eine einzige Freisetzung eines tödlichen Virus könnte ebenso verheerend sein wie eine Nanotechnologie-Katastrophe. Trotz aller Bemühungen von Polizei und Justiz nehmen Millionen von Menschen unerlaubte Drogen, und Tausende handeln mit ihnen. Angesichts des Unvermögens, Drogenschmuggel oder Mord zu unterbinden, ist es unrealistisch zu erwarten, dass wir, wenn der Geist erst einmal der Flasche entwischen ist, jemals vollständig gegen Bioirrtum und Bioterror gefeit sein können; dennoch bestünden weiterhin Risiken, die nicht auszuschalten wären, es sei denn, man griffe zu Maßnahmen, die so unangenehm wären wie etwa eine aufdringliche umfassende Überwachung.

Mein Pessimismus gilt einer näheren Zukunft und ist in gewisser Weise tiefer als der von Bill Joy. Er möchte den Tag hinausschieben, an dem superintelligente Roboter uns die Kontrolle entreißen könnten oder die Biosphäre in »grauen Schleim« zu zerfallen droht. Doch ehe diese futuristischen Möglichkeiten erreicht sind, könnte der Gesellschaft ein vernichtender Schlag versetzt werden durch missbräuchliche Anwendung einer Technologie, die es bereits gibt oder mit der wir in den nächsten zwanzig Jahren sicher rechnen können. Sollten diese kürzerfristigen Befürchtungen eintreten, so könnte man sich ironischerweise allenfalls damit trösten, dass die hyperfortschrittliche Technologie, derer es für Nanomaschinen und übermenschliche Computer bedarf, einen möglicherweise irreversiblen Rückschlag erleiden und uns dadurch vor den Szenarien bewahren würde, die Bill Joy den größten Kummer machen.

7. Normale natürliche Gefahren: Asteroideneinschläge

Ein massiver Asteroid stellt eine größere Gefährdung für uns dar als Flugzeugabstürze, doch die wachsenden, von Menschen gemachten Bedrohungen sind weit beunruhigender als jede natürliche Gefahr.

Im Juli 1994 sahen Millionen Menschen über das Internet Teleskopbilder von den größten und eindrucksvollsten »Spritzern«, die jemals beobachtet wurden. Fragmente eines großen Kometen stürzten auf den Jupiter – noch Wochen später waren auf der riesigen Oberfläche des Planeten dunkle Flecken zu sehen: die »Narben« eines wuchtigen Einschlags, die eine größere Ausdehnung hatten als die gesamte Erde. Im Vorjahr hatte man beobachtet, dass der zertrümmerte Komet, nach seinen Entdeckern Shoemaker-Levy genannt[1], in rund zwanzig Teile zerbrochen war. Astronomen berechneten, dass die Fragmente aufgrund ihrer Flugbahn mit Jupiter zusammenprallen würden, und richteten sich darauf ein, den Aufschlag zum vorher berechneten Zeitpunkt zu beobachten.

Diese Episode schärfte das Bewusstsein dafür, dass auch unser Planet von Kometen getroffen werden könnte. Die Erde bietet ein weit kleineres Ziel als Jupiter, der Gigant unseres Sonnensystems, aber Kometen und Asteroiden kommen ihr regelmäßig so nahe, dass sie eine Gefahr darstellen. Vor rund 65 Millionen Jahren wurde die Erde von einem Objekt von zehn Kilometer Durchmesser getroffen. Der Einschlag setzte so viel Energie frei wie eine Million Wasserstoffbomben; er löste weltweit Erdbeben, die Berge erzittern ließen, und riesige Flutwellen aus; die in die obere Atmosphäre emporgeschleuderte Schuttmenge ließ für über ein Jahr kein Sonnenlicht mehr durch. Auf dieses Ereignis führt man das Aussterben der Dinosaurier zurück. Die Narbe trägt die Erde bis heute: Der Aufprall riss im Golf von Mexiko den Chicxulub-Krater auf, der einen Durchmesser von fast 200 Kilometern hat.

Zwei Klassen von »schurkischen« Objekten machen unser Sonnensystem unsicher: Kometen und Asteroiden. Kometen bestehen überwiegend aus Eis und gefrorenen Gasen wie Ammoniak und Methan; oft bezeichnet man sie als »schmutzige Schneebälle«. Die meisten Kometen halten sich, für uns unsichtbar, in den kalten Außenbereichen des Sonnensystems versteckt, weit jenseits von Neptun und Pluto, doch manchmal stürzen sie auf annähernd radialen Bahnen der Sonne entgegen und werden dabei so stark erwärmt, dass ein Teil des Eises verdampft; die Gas- und Staubmengen, die dabei freigesetzt werden, reflektieren das Sonnenlicht und bilden den auffälligen »Schweif«. Asteroiden, nicht ganz so flüchtige Objekte wie Kometen, bestehen aus steinigem Material und bewegen sich auf annähernd kreisförmigen Bahnen um die Sonne. Die meisten bleiben in sicherem Abstand von der Erde, zwischen den Bahnen des Mars und des Jupiter. Doch manche, die so genannten erdnahen Objekte (Near Earth Objects – NEO), folgen Bahnen, die sich mit dem Orbit der Erde kreuzen können.

Der Umfang dieser NEOs schwankt, er reicht von »kleineren Planeten« mit einem Durchmesser von über 100 Kilometern bis zu der Größe kleiner Kieselsteine. Man nimmt an, dass ein Zehn-Kilometer-Asteroid, der ein Massensterben auslöst, nur alle 50 bis 100 Millionen Jahre die Erde trifft. Der Chicxulub-Einschlag vor 65 Millionen Jahren war möglicherweise das jüngste Ereignis dieser Größenordnung. Zwei weitere, ähnlich große Krater, einer in Woodleigh (Australien) und der andere in Manicouagan bei Québec (Kanada), könnten die Folgen vergleichbarer Einschläge vor 200 bis 250 Millionen Jahren sein. Einer von ihnen ist vielleicht für das größte aller Massensterben verantwortlich, am Perm-Trias-Übergang vor 250 Millionen Jahren. (Zur Zeit dieser Einschläge war der Atlantische Ozean noch nicht entstanden, und der größte Teil der irdischen Landmasse war in einen einzigen Superkontinent namens Pangäa integriert).

Kleinere Asteroiden (und weniger verheerende Einschläge) kommen weit häufiger vor: NEOs von einem Kilometer Durchmesser sind hundertmal zahlreicher als die Zehn-Kilometer-Asteroiden, welche die erwähnten Katastrophen verursachten, und Körper von 100 Meter Durchmesser wahrscheinlich noch hundertmal häufiger. Der bekannte Barringer-Krater in Arizona verdankt seine Entstehung einem Asteroiden von zirka 100 Meter Durchmesser, der vor etwa 50 000 Jahren auf die Erde prallte; ein ähnlicher Krater in Wolfe Creek (Australien) ist rund 300 000 Jahre alt. NEOs von 50 Meter Durchmesser scheinen alle 100 Jahre die Erde zu treffen. Im Jahr 1908 verwüstete der Tunguska-Meteorit eine menschenleere Gegend in Sibirien. Er raste so schnell auf die Erde zu – mit bis zu 40 Kilometern pro Sekunde –, dass in seinem Aufprall die Energie einer 40-Megatonnen-Explosion steckte. Er verdampfte und explodierte in der oberen Atmosphäre und vernichtete Tausende Quadratkilometer Wald, hinterließ aber keinen Krater.

Ein geringes, aber nicht zu vernachlässigendes Risiko

Wir wissen nicht, ob ein großes, gefährliches NEO »mit unserem Namen drauf« im vor uns liegenden Jahrhundert die Erde treffen wird. Wir wissen jedoch genug über die Zahl der Asteroiden auf Bahnen, welche die Erdbahn kreuzen, um die Wahrscheinlichkeit beziffern zu können. Das Risiko ist nicht groß genug, um uns des Nachts den Schlaf zu rauben, aber auch nicht gänzlich zu vernachlässigen. Die Wahrscheinlichkeit, dass in diesem Jahrhundert ein Einschlag vom Tunguska-Kaliber irgendwo unseren Globus erschüttert, beträgt 50 Prozent. Da die Erdoberfläche aber zum größten Teil mit Meeren bedeckt oder dünn besiedelt ist, erweist sich die Bedrohung durch einen Aufprall in einer dicht besiedelten Region als weit geringer; allerdings könnte ein solches Ereignis Millionen von Menschenleben fordern.

Größer ist für die Erde insgesamt das Risiko von Überschwemmungen, Tornados und Erdbeben. (Die größte lokalisierte Naturkatastrophe, die man in diesem Jahrhundert für wahrscheinlich halten könnte, wäre ein Erdbeben in Tokio oder in Los Angeles, wo die unmittelbare Verwüstung sich längerfristig negativ auf die Weltwirtschaft auswirken würde.) Doch für Europäer und Nordamerikaner außerhalb der am stärksten von Erdbeben oder Hurrikanen bedrohten Gebiete ist ein Asteroideneinschlag tatsächlich die größte natürliche Gefahr. Das dominierende Risiko geht nicht von Ereignissen wie jenem des Tunguska-Formats aus, sondern von selteneren Impakten, die eine ganze Region verwüsten würden.

Wenn Sie jetzt, sagen wir, 25 Jahre alt sind, beträgt Ihre künftige Lebenserwartung etwa 50 Jahre. Die Wahrscheinlichkeit, einem größeren Asteroideneinschlag zum Opfer zu fallen, entspricht daher in etwa der Aussicht, dass es in den nächsten 50 Jahren zu einem solchen kommt. Bevor diese Zeit um ist, wird mit einer Wahrscheinlichkeit von eins zu 10 000 ein Asteroid von einem halben Kilometer Durchmesser in den Nordatlantik stürzen und riesige Tsumanis (Flutwellen) auslösen, welche die nordamerikanische und europäische Meeresküste verheeren würden, oder in den Pazifik, mit ähnlichen Folgen für die Küstengebiete Ostasiens und der westlichen Vereinigten Staaten. Die Aussicht, dass wir unser Leben (zusammen mit dem von vielen Millionen anderen) bei einem solchen Ereignis verlieren werden, ist ungefähr so groß wie das Risiko eines Durchschnittsbürgers, bei einem Flugzeugabsturz umzukommen, ja sogar etwas größer, wenn wir in der Nähe einer Küste leben, wo wir einer kleineren Tsunami ausgesetzt sind.

Es ist ein geringes Risiko, aber nicht geringer als die Bedrohung durch andere Gefahren, gegen die der Staat Vorkehrungen trifft.[2] In einem im Auftrag der britischen Regierung erstellten Bericht über NEOs wurde die Situation kürzlich folgendermaßen beschrieben: »Wäre ein Viertel der Weltbevölkerung durch den Einschlag eines Objekts von 1 Kilometer Durchmesser gefährdet, so würde bei Zugrundelegung der gegenwärtig im Vereinigten Königreich geltenden Sicherheitsstandards das Risiko solcher Opferzahlen, auch wenn es im Schnitt nur alle 100 000 Jahre eintritt, ein hinnehmbares Maß beträchtlich überschreiten. Lägen solche Risiken in der Verantwortung des Betreibers einer industriellen oder sonstigen Anlage, so würde man ihm Maßnahmen zur Verringerung des Risikos auferlegen.«

Theoretisch könnten wir Jahre vor einer größeren Katastrophe Bescheid wissen, wenn die gefährlichsten erdnahen Objekte aufgespürt und auf ihrer Bahn verfolgt würden. Nach der Vorhersage eines Einschlags mitten im Atlantik bestünde die Möglichkeit, durch massenhafte Evakuierung der Küstengebiete zig Millionen Menschenleben zu retten, auch wenn man nichts tun könnte, um das heranrasende Objekt umzudirigieren. Wenn die internationale Gemeinschaft alljährlich Milliarden von Dollars für die Wettervorhersage aufwendet, die es ermöglicht, Hurrikane anzukündigen, sollte es uns ein paar Millionen wert sein, wenn wir dadurch sicherstellen können, dass eine (sehr viel unwahrscheinlichere, aber weitaus verheerendere) riesige Tsunami, wie sie in dem Film *Deep Impact* geschildert wird, nicht überrascht.

Lässt sich das Risiko verringern?

Es gibt noch ein Motiv, alle NEOs aufzunehmen und zu katalogisieren: Langfristig könnte es möglich sein, »schurkische« Objekte von der Erde abzulenken, doch müssen dazu deren Bahnen exakt bestimmt werden, und Genauigkeit wird nur zu erreichen sein, wenn diese Objekte zuvor lange beobachtet worden sind. Arthur C. Clarkes Roman »*Rendezvous with Rama*« beschreibt, wie ein Tunguska-artiges Ereignis Norditalien auslöscht.[3] (Für diese Katastrophe wählte Clarke das Jahr 2077 und als Datum zufällig den 11. September.) »Nach dem ersten Schrecken reagierte die Menschheit mit einer Entschiedenheit und Geschlossenheit, die kein früheres Zeitalter hätte zeigen können. Ein solches Desaster durfte sich in tausend Jahren nicht wiederholen – aber es konnte schon morgen eintreten. Ein zweites Mal sollte es nun nicht mehr geben. Nie wieder sollte ein Meteorit, der groß genug war, um eine Katastrophe anzurichten, die Abwehren der Erde durchbrechen. So begann das Projekt Spaceguard.«

Projekte vom Typ »Spaceguard«, mittels derer wir nicht nur vorgewarnt, sondern auch sogar vor Asteroideneinschlägen bewahrt werden können, müssen nicht Science-Fiction bleiben – sie könnten innerhalb von fünfzig Jahren Wirklichkeit werden.[4] Selbst wenn wir derzeit mehrere Jahre im Voraus wüssten, dass ein NEO auf die Erde zusteuert, müssten wir tatenlos der Katastrophe entgegenblicken. Doch innerhalb weniger Jahrzehnte könnten wir über die Technologie verfügen, die nötig ist, um die Bahn des »schurkischen« Objekts so weit zu verändern, dass es keine Gefahr mehr darstellt.[5] Je länger im Vorhinein wir vor einem drohenden Einschlag gewarnt wären, desto geringer müsste der Stoß sein, den wir ihm verpassen müssten, um auf seinen Flug so einzuwirken, dass er an uns vorbeizischt. Es wäre jedoch unklug, ein solches Unternehmen auch nur zu versuchen, ohne sehr viel mehr über die Zusammensetzung von Asteroiden zu wissen, als uns heute bekannt ist. Manche sind massive Felsblöcke, aber andere (vielleicht die meisten) könnten aus lose gepackten Steinhaufen bestehen, die nur durch »Klebrigkeit« und ihre sehr schwache Schwerkraft zusammengehalten werden. Im letzteren Fall könnte der Versuch, einen Asteroiden von seinem Kurs abzubringen – insbesondere durch so drastische Methoden wie eine Kernexplosion –, diesen in Stücke sprengen, was sich für die Erde als ein noch größeres Gesamtrisiko erweisen würde als zuvor der einzelne Körper.

Mit Kometen fertig zu werden ist schwerer. Einige (wie der Halleysche Komet) kehren regelmäßig wieder und folgen genau erfassten Bahnen, doch die meisten nähern sich uns »unvorbereitet« aus der Tiefe des Alls und lassen uns nicht mehr als ein Jahr Zeit. Auch sind ihre Bahnen ziemlich unberechenbar, weil sie Gas und Fragmente verlieren. Kometen stellen aus diesen Gründen ein vertracktes und möglicherweise irreduzibles Risiko für uns dar.

Einen numerischen Gradmesser der Schwere unwahrscheinlicher Katastrophen hat der MIT-Professor Richard Binzel vorgeschlagen. Er wurde von einer internationalen Konferenz in Turin übernommen und wird seither als Turin-Skala bezeichnet. Sie ähnelt der bekannten Richter-Skala für Erdbeben. Bei der Einordnung eines Ereignisses auf der Turin-Skala werden jedoch sowohl seine Wahrscheinlichkeit als auch seine Schwere berücksichtigt: Die Schwere einer potenziellen Gefahr beruht auf ihrer Wahrscheinlichkeit, multipliziert mit der Tragweite der Zerstörung, die sich aus ihrem Eintreten ergeben würde. Die Skala reicht von 1 bis 10. Ein Asteroid von 50 Meter Durchmesser wie jener, welcher im Jahr 1908 über Sibirien explodierte, würde, wenn er uns mit Sicherheit träfe, Platz 8 auf der Skala einnehmen; ein Asteroid von einem Kilometer Durchmesser nähme bei seinem Aufprall Platz 10 ein, aber nur Platz 8, wenn wir über den Verlauf seiner Flugbahn so ungenügend informiert wären, dass wir lediglich vorhersagen könnten, dass er in einem Bereich von ungefähr einer Million Kilometern an uns vorbeirauschen würde. Die Erde hat einen Durchmesser von gerade mal 12 750 Kilometern, sodass die Wahrscheinlichkeit eines »Volltreffers« dann etwa eins zu 10 000 betrüge.

Die einem bestimmten Ereignis zugeschriebene Turin-Zahl kann sich ändern, wenn wir mehr darüber wissen.[6] Der Weg eines Hurrikans zum Beispiel mag anfangs schwer zu ermitteln sein, doch während er weiterzieht, können wir mit zunehmender Sicherheit vorhersagen, ob er eine dicht bevölkerte Insel verwüsten oder sie unbehelligt lassen wird. Dies gilt auch für ein erdnahes Objekt: Je länger wir es beobachten, desto genauer können wir seine künftige Bahn berechnen. Bei großen Asteroiden wird man aufgrund einer grob bestimmten Bahn in der Regel feststellen, dass sie die Erde gefährden könnten. Nachdem aber ihre Bahnen genauer ermittelt worden sind, werden wir im Allgemeinen mit größerer Sicherheit sagen können, dass sie an der Erde vorbeifliegen werden; dabei wird die Einstufung ihrer Gefährlichkeit auf der Turin-Skala sich in Richtung Nullpunkt bewegen. Doch in der Minderheit der Fälle, in denen der Unsicherheitsbereich schrumpft, die Erde aber in ihm bleibt, werden wir Anlass haben, uns größere Sorgen zu machen, und die Turin-Zahl wird sich dann vielleicht bei 8 bis 10 einpegeln.

Fachleute für NEO-Einschläge haben inzwischen einen verfeinerten Gradmesser entwickelt: die Palermo-Skala, die außerdem berücksichtigt, wie weit in der Zukunft der mögliche Einschlag erfolgen wird.[7] Sie liefert einen besseren Maßstab dafür, wie besorgt wir sein sollten. Wenn wir zum Beispiel wüssten, dass ein 50-Meter-Asteroid nächstes Jahr die Erde treffen würde, bekäme er einen hohen Wert auf der Palermo-Skala, aber wenn der Einschlag des nämlichen Objekts mit dem gleichen Vertrauensniveau für – sagen wir – das Jahr 2890 vorhergesagt würde, würde sich unsere Besorgnis dadurch überhaupt nicht erhöhen. Und zwar nicht nur deshalb, weil wir künftige Risiken (zumal wenn sie so weit in der Zukunft liegen, dass wir dann alle tot sind) geringer veranschlagen, sondern auch weil der Mittelwertsatz uns mehrere Ereignisse vom Tunguska-Format, die durch Asteroiden ähnlicher Größe verursacht werden, vor dieser Zeit erwarten lässt.

Maßvolle Anstrengungen zur Überwachung der wenigen tausend größten NEOs, die eine Gefahr darstellen könnten, wären also durchaus berechtigt. Käme dabei heraus, dass keines davon in den nächsten fünfzig Jahren die Erde treffen wird, so würde uns dies als Beruhigung dienen, die den bescheidenen kollektiven Aufwand, den uns das kostet, lohnt. Wäre das Ergebnis weniger beruhigend, so könnten wir uns zumindest darauf vorbereiten; würde der vorhergesagte Einschlag in (angenommen) fünfzig Jahren von jetzt an erfolgen, so bliebe uns außerdem vielleicht genügend Zeit, um jene Technologie zu entwickeln, mit der es uns gelänge, das »schurkische« Objekt »umzuleiten«. Es würde sich auch lohnen, unsere statistischen Kenntnisse von den kleineren Objekten selbst dann zu verbessern, wenn wir nicht damit rechnen könnten, eine größere Vorwarnzeit zu haben, falls eines von ihnen direkt auf die Erde zurasen würde.

Supereruptionen

Abgesehen von dem ständigen Risiko einschlagender Asteroiden und Kometen gibt es andere Naturkatastrophen, bei denen es noch schwieriger ist, ihr Eintreten für die fernere Zukunft vorherzusagen und ihnen vorzubeugen oder sie zu verhindern, zum Beispiel äußerst starke Erdbeben und Vulkanausbrüche. Zu Letzteren gehört eine Klasse von seltenen »Supereruptionen«, die tausendmal stärker wären als der Ausbruch des Krakatau im Jahr 1883, bei denen tausende Kubikkilometer Schutt in die obere Atmosphäre geschleudert würden. Ein Krater in Wyoming mit einen Durchmesser von 80 Kilometern ist das Relikt eines solchen Ereignisses vor etwa einer Million Jahre. Etwas näher an der Gegenwart hinterließ eine Supereruption im Norden Sumatras vor 70 000 Jahren einen Krater von 100 Kilometern und warf mehrere tausend Kubikkilometer Asche aus, genug, um das Licht der Sonne für ein Jahr oder länger auszusperren.

Zwei Aspekte dieser gewaltigen Naturkatastrophen sind jedoch einigermaßen beruhigend. Erstens kommen massive Asteroideneinschläge und gigantische Vulkanausbrüche so selten vor, dass vernünftige Menschen sich ihretwegen keine größeren Sorgen oder auch nur Gedanken machen (allerdings würde sich, wenn es technisch durchführbar wäre, eine beträchtliche Investition zur weiteren Verminderung des Risikos lohnen). Zweitens werden sie nicht schlimmer; wir mögen uns ihrer bewusster sein als frühere Generationen (und die Gesellschaft ist sicherlich risikoscheuer geworden, als sie früher war), doch ist es unwahrscheinlich, dass die Menschheit durch ihr Handeln das Risiko von Asteroideneinschlägen oder vulkanischen Supereruptionen zu erhöhen vermag.

Sie dienen daher als »Eichmaß« für die vom Menschen gemachten Umweltgefährdungen, die pessimistischen Erwartungen zufolge tausendfach zunehmen könnten.

8. Die Bedrohung der Erde durch den Menschen

Die bisher kaum verstandenen, durch menschliches Handeln hervorgerufenen Veränderungen der Umwelt könnten gravierender sein als die »normalen« Gefährdungen durch Erdbeben, Eruptionen und Asteroideneinschläge.

In seinem Buch *»The Future of Life«* beschreibt E. O. Wilson die Szenerie mit einem Bild, das die komplexe Zerbrechlichkeit des »Raumschiffs Erde« unterstreicht: »Die Gesamtheit des Lebens, von den Wissenschaftlern als Biosphäre und von den Theologen als Schöpfung bezeichnet, ist eine die Erde überziehende Membran von Organismen, die so dünn ist, dass man sie von einer Raumfähre aus nicht wahrnimmt, dabei intern aber so komplex, dass die meisten Arten, aus denen sie sich zusammensetzt, bis heute unentdeckt sind.«[1]

Die Menschen sind dabei, die Vielfalt des pflanzlichen und tierischen Lebens auf der Erde zu dezimieren. Das Aussterben von Arten ist allerdings ein Bestandteil der Evolution und der natürlichen Auslese: Die heute lebenden Arten bilden weniger als zehn Prozent aller Arten, die jemals schwammen, krochen oder flogen. Ein merkwürdiger Aufzug von Arten (die heute fast alle ausgestorben sind) markiert den turbulenten Weg, auf dem die natürliche Auslese von einzelligen Organismen bis zu unserer gegenwärtigen Biosphäre gelangte. Indem primitive »Bazillen« mehr als eine Milliarde Jahre lang Sauerstoff ausatmeten, verwandelten sie die (für uns) giftige Atmosphäre der jungen Erde und bereiteten dadurch das Terrain für komplexe vielzellige Lebensformen, die relativ spät auftraten, und schließlich für uns.

Man muss sein ganzes Vorstellungsvermögen aufbieten, um die gewaltigen geologischen Zeiträume zu begreifen, die ungeheuer lang waren, verglichen mit der Geschichte der Hominoiden, die wiederum weit länger war als die dokumentierte Geschichte der Menschheit. (In der Massenkultur überspringt man bisweilen die trennenden Äonen, beispielsweise in älteren Filmen wie *Eine Million Jahre vor unserer Zeit*, in dem Raquel Welch zwischen Dinosauriern umherhüpft.)

Wie wir durch Fossilienfunde wissen, entwickelte sich im Kambrium, das 550 Millionen Jahre zurückliegt, eine Fülle von schwimmenden und kriechenden Wesen, und es kam zu einer ungeheuren Diversifikation der Arten. In den darauf folgenden 200 Millionen Jahren ergrünte das Land und schuf einen Lebensraum für exotische Geschöpfe: Libellen mit den Ausmaßen von Seemöwen, Tausendfüßler, die einen Meter lang waren, riesige Skorpione und tintenfischartige Meeresungeheuer. Dann kamen die Dinosaurier. Ihr plötzliches Aussterben vor 65 Millionen Jahren machte den Weg frei für Säugetiere, für die Entstehung von Affen und uns Menschen. Die Existenzentwicklung einer Art erstreckt sich über Millionen von Jahren; selbst wenn sich die natürliche Auslese extrem beschleunigt, sind im Allgemeinen Tausende von Generationen nötig, um das Erscheinungsbild einer Art zu verändern. (Katastrophale Ereignisse vermögen tierische Populationen natürlich drastisch zu verändern; so können Asteroideneinschläge ein plötzliches Massensterben auslösen.)

Das sechste Massensterben

Geologische Zeugnisse belegen, dass es fünf große Phasen der Vernichtung gegeben hat. Das größte Massensterben ereignete sich vor rund 250 Millionen Jahren am Perm-Trias-Übergang; das zweitgrößte vor 65 Millionen Jahren löschte die Dinosaurier aus. Jetzt aber sind die Menschen dabei, ein »sechstes Massensterben« zu verüben, das in seiner Tragweite früheren Fällen nicht nachsteht. Das Artensterben vollzieht sich hundert- oder gar tausendmal schneller als sonst. Ehe *Homo sapiens* die Szene betrat, verschwand jährlich eine von Millionen Arten von der Erde; die Rate liegt jetzt näher bei einer Art von tausend. Manche Arten werden direkt ausgerottet, doch in den meisten Fällen ist ihre Vernichtung eine unbeabsichtigte Folge menschlicher Eingriffe in die Lebensräume oder der Einführung von nichtendemischen Arten in ein Ökosystem.

Die Biodiversität wird untergraben. Beklagenswert ist das Artensterben nicht nur aus ästhetischen und sentimentalen Gründen – Einstellungen, die auf unangemessene Weise erzeugt werden von den so genannten charismatischen Wirbeltieren, jener winzigen Minderheit von Arten, die ein Federkleid oder einen Pelz tragen oder als Meereslebewesen durch ihre Größe beeindrucken. Beklagenswert ist es auch unter ganz utilitaristischem Aspekt, denn wir zerstören die genetische Vielfalt, die sich einmal als wertvoll für uns erweisen könnte. Wie Robert May sagt: »Wir verbrennen die Bücher, bevor wir gelernt haben, sie zu lesen.«[2] Die Mehrzahl der Arten ist noch nicht einmal katalogisiert. Gregory Benford hat ein Projekt namens »Library of Life« vorgeschlagen, eine dringlich gebotene Anstrengung, Exemplare der gesamten Fauna eines tropischen Regenwaldes zu sammeln, einzufrieren und zu speichern, nicht als Ersatz für Maßnahmen zu ihrer Erhaltung, sondern als eine Art »Versicherungspolice«.[3]

Mit den Fortschritten der Biotechnologie nimmt die Gefährdung der Biosphäre zu. Lachse, die man genetisch verändert hat, damit sie schneller wachsen und größer werden, könnten nach ihrer gelungenen Flucht aus Fischzuchtanlagen die natürlich vorkommenden Lachsarten aufgrund ihrer Überlegenheit verdrängen. Der schlimmste Fall wäre die unwissentliche Freisetzung neuer Krankheitserreger, die ganze Arten ausrotten könnten. Diese drohende Verringerung des Reichtums der Natur bedeutet vor allem, dass wir als Treuhänder des Planeten versagt haben.

Es wäre jedoch naiv, sich nach einer unverdorbenen »Natur« zu sehnen. Die Umwelt, die viele von uns schätzen und von der sie am stärksten angesprochen werden – in meinem Fall ist es das ländliche England –, ist ein Kunstprodukt, das Ergebnis jahrhundertelanger intensiver Pflege, angereichert um zahlreiche »auswärtige« Pflanzen und Bäume, die von Bauern und Gärtnern eingeführt wurden. Auch die nordamerikanische Landschaft des »Alten Westens« ist alles andere als natürlich. Die Indianer hatten das weitläufige Gebiet lange vor dem Eintreffen der ersten Europäer umgewandelt: Seit mindestens tausend Jahren hatten sie durch Brandrodung die einst dichte Bewaldung gelichtet und eine offene Landschaft geschaffen. Eine noch radikalere Veränderung seines Aussehens erfuhr das Land dann im 20. Jahrhundert.

Bevölkerungsentwicklung

Die langfristige Belastung der Erde durch die Menschheit hängt sowohl von der Bevölkerungszahl als auch vom Lebensstil ab. Die Umweltschutzorganisation WWF hat Schätzungen über den »Fußabdruck« eines Menschen[4], die für seine Erhaltung erforderliche Landfläche, veröffentlicht: Demnach wäre eine Fläche, die »fast drei Planeten« entspricht, erforderlich, um bei dem Lebensstil und den Konsumgewohnheiten, die für das Jahr 2050 vorhergesagt werden, die Weltbevölkerung zu erhalten. Diese Schätzung ist umstritten und vielleicht ein wenig tendenziös, weil zum Beispiel die Waldfläche einbezogen wird, die erforderlich ist, um das beim Energieverbrauch jedes Einzelnen entstehende Kohlendioxid aufzunehmen; dabei findet weder ein möglicher Übergang zu erneuerbaren Energien noch der vertretbare Standpunkt Berücksichtigung, dass ein maßvoller Anstieg des Kohlendioxidgehalts hinnehmbar ist. Dennoch ist offenkundig, dass die Welt ihre gesamte Bevölkerung nicht dauerhaft erhalten kann, wenn es beim gegenwärtigen Lebensstil der europäischen und nordamerikanischen Mittelschicht bleiben sollte.

Am anderen Ende könnte eine Bevölkerung von bis zu zehn

Milliarden durchaus unterhalten werden, wenn alle sich mit winzigen Wohnungen begnügten, vielleicht nach Art der »Kapselhotels«, die es in Tokio bereits gibt, wenn sie sich vegetarisch mit Reis als Grundnahrungsmittel ernährten, elektronisch vernetzt wären und wenig reisen würden, um Erholung und Erfüllung in der virtuellen Realität zu finden, statt dem Konsum und dem unablässigen Unterwegssein zu frönen, die heute im verschwenderischen Westen üblich sind. Ein solcher Lebensstil würde Energie und natürliche Ressourcen nur sparsam beanspruchen. Dabei muss er durchaus nicht mit kulturellem und technischem Fortschritt unvereinbar sein; die gegenwärtig stärksten Triebfedern wirtschaftlichen Wachstums, die Miniaturisierung und die Informationstechnologie, wirken sich sogar positiv auf die Umwelt aus.

Um eine Bevölkerung stabil zu erhalten, muss jede Frau im Schnitt 2,1 Kinder haben (das zusätzliche 0,1 hinter dem Komma steht für Kinder, die nicht das fortpflanzungsfähige Alter erreichen). In vielen entwickelten Ländern liegen die Fruchtbarkeitsziffern weit darunter. Die niedrigste Quote verzeichnet, was manchen überraschen wird, das katholische Italien mit nur 1,2 Geburten pro Frau. Fast so niedrig ist die Ziffer von Griechenland und Spanien, Russland und Armenien.

Dieser drastische Rückgang der Kinderzahl ist nicht auf Europa beschränkt. Die Fruchtbarkeit liegt mittlerweile in über sechzig Ländern unter dem Ersetzungsniveau. Das gilt nicht nur für China, wo der Staat seit Jahren nachhaltig die »Ein-Kind-Familie« propagiert, sondern auch für die asiatischen Nachbarn Japan, Korea und Thailand, wo es einen solchen Druck nicht gab. Und auch in anderen Ländern hat es einen drastischen Rückgang gegeben. In Brasilien zum Beispiel ist die Fruchtbarkeitsziffer innerhalb von zwei Jahrzehnten halbiert worden – sie beträgt jetzt 2,3 –, obwohl die katholische Kirche die Empfängnisverhütung ablehnt. Im Iran, wo die herrschenden Mullahs das UN-Programm für eine Begrenzung des Bevölkerungswachstums in den 1990er-Jahren offen ablehnten, haben die Frauen selbst ihre Wahl getroffen, und die Fruchtbarkeitsziffer ist von 5,5 im Jahr 1988 auf heute 2,2 zurückgegangen.

Trotz der niedrigen Geburtenrate wächst die Bevölkerung Europas noch, teils deshalb, weil die Kinder der »Bevölkerungsexplosion« jetzt im gebärfähigen Alter sind, teils aber auch aufgrund von Einwanderung und erhöhter Lebenserwartung. Medizinische Fortschritte und öffentliche Gesundheitsmaßnahmen haben außer in den ärmsten Teilen der Welt die Lebenserwartung und den gesundheitlichen Zustand der Menschen verbessert.

Wenn nicht eine Katastrophe dazwischenkommt, wird die Weltbevölkerung offenbar weiterhin wachsen, bis sie im Jahr 2050 acht Milliarden erreicht haben wird. Diese Hochrechnung basiert auf der Tatsache, dass sich die gegenwärtige Altersverteilung in Entwicklungsländern stark zugunsten der jüngeren Jahrgänge hin verschoben hat, sodass der Zuwachs selbst dann anhalten würde, wenn diese Menschen weniger Kinder als das Ersetzungsniveau hätten. Diese Zunahme wird zusammen mit dem Trend in Richtung Verstädterung zu zwanzig »Megastädten« führen, deren Bevölkerung zwanzig Millionen übersteigen wird.

Doch aufgrund des erstaunlich raschen Rückgangs der Fruchtbarkeit, der eine Folge der verbesserten Bildung der Frauen ist, haben die Vereinten Nationen ihre Hochrechnungen für die zweite Hälfte dieses Jahrhunderts nach unten korrigiert. Die derzeit günstigste Schätzung geht davon aus, dass sich die Bevölkerung nach 2050 vermindern und bis zum Ende des Jahrhunderts möglicherweise auf ihren heutigen Stand sinken wird. Diese Entwicklung würde auch ohne eine drastische Erhöhung der Lebenserwartung zu einer alternden Bevölkerung führen. Auch ohne neue Methoden zur Verlängerung der Lebensspanne werden in Europa und Nordamerika die über Fünfzigjährigen dominieren. Verdeckt werden könnte dieser Trend – besonders in den Vereinigten Staaten – durch Einwanderung aus den Entwicklungsländern, wo die Stabilisierung und der anschließende Rückgang der Bevölkerung (wenn es denn überhaupt dazu kommt) verspätet einsetzen wird.

Die Hochrechnung stützt sich natürlich auf Annahmen bezüglich gesellschaftlicher Entwicklungen. Sollten europäische Länder sich über ihre sinkende Bevölkerung ernsthaft Sorgen machen, so könnten Regierungen unverzüglich Maßnahmen ergreifen, um

Anreize zur Steigerung der Geburtenzahlen zu schaffen. Umgekehrt könnten Epidemien, die in Megastädten um sich greifen, katastrophale Rückgänge verursachen, wie sie bereits für Teile Afrikas vorhergesagt werden, und bis zum Jahr 2050 könnten sich diese Vorhersagen grundlegend ändern aufgrund von einschneidenden technischen Fortschritten in der Robotik, wie sie von Technikbegeisterten ins Auge gefasst werden.

Der positivste Ausgang wäre allerdings, wenn wir denn ohne katastrophale Rückschläge das nächste Jahrhundert erreichen sollten, eine Welt mit einer Bevölkerungszahl unter der gegenwärtigen (und weit unter dem geschätzten Höhepunkt um das Jahr 2050).

Eine neue Gefahr, die in diese Hochrechnungen einbezogen werden muss und die möglicherweise ein Vorzeichen anderer Gefahren ist, erwächst uns aus der Aids-Epidemie. Sie hat erst in den 1980er-Jahren in der menschlichen Population Fuß gefasst und ihren Höhepunkt noch längst nicht erreicht. Man nimmt an, dass von den 42 Millionen Südafrikanern fast zehn Prozent HIV-positiv sind: Allein in Südafrika wird Aids bis zum Jahr 2010 sieben Millionen Menschenleben fordern, einen Großteil der produktivsten Altersgruppe dahinraffen, die Lebenserwartung von Männern und Frauen um bis zu zwanzig Jahre verkürzen und in der jüngeren Generation Millionen von traumatisierten Waisen hinterlassen.[5] Die sich ausbreitende Aids-Pandemie wird Afrika verwüsten; in Russland rechnet man mit Millionen von Fällen; rasch steigt die Zahl der Infizierten in China und Indien, wo die Zahl der Aids-Opfer innerhalb eines Jahrzehnts die afrikanischen Verhältnisse übertreffen könnte.

Stehen uns noch andere verheerende »natürliche« Plagen ins Haus?[6] Manche Fachleute haben sich beruhigend über unsere zu erwartende Anfälligkeit geäußert. Paul W. Erwald weist zum Beispiel darauf hin, dass im letzten Jahrhundert jeder infolge weltweiter Wanderungsbewegungen und der sich daraus ergebenden Vermischung der Menschen mit Krankeitserregern aus allen Teilen der Welt in Berührung gekommen ist, und doch gab es nur eine verheerende Pandemie: Aids. Die anderen natürlich vorkommenden Viren wie Ebola sind nicht langlebig genug, um eine rasante Epidemie auszulösen. Was Erwald in seiner halbwegs optimistischen Einschätzung jedoch außer Acht lässt, ist das Risiko einer Epidemie, die nicht durch die Natur verursacht wird, sondern durch Bioirrtum oder Bioterror.

Das unbeständige Klima der Erde

Klimawandel hat ebenso wie das Aussterben von Arten die ganze Geschichte der Erde geprägt. Er wurde aber ebenso wie das Artensterben durch Eingriffe des Menschen Besorgnis erregend beschleunigt.

Das Klima hat sich schon immer aufgrund natürlicher Ursachen geändert, ob wir nun Jahrzehnte oder Hunderte von Jahrmillionen betrachten.[7] Auch in der Zeitspanne, über die wir geschichtliche Dokumente haben, unterlag das regionale Klima erheblichen Schwankungen. Vor tausend Jahren war es in Nordeuropa wärmer: In Grönland hatten sich bäuerliche Gemeinschaften angesiedelt, und auf dem Land, das jetzt von Eis bedeckt ist, weideten Tiere; in England gediehen Weingärten. Es hat aber auch längere Kälteperioden gegeben. Die Warmzeit endete offenbar im 15. Jahrhundert, und ihr folgte eine »kleine Eiszeit«, die bis zum Ende des 18. Jahrhunderts anhielt. Man stößt immer wieder auf Berichte aus dieser Zeit, denen zufolge das Eis auf der Themse so dick war, dass man auf ihm Feuer anzünden konnte; in den Alpen dehnten sich die Gletscher aus. Die »kleine Eiszeit« könnte uns wichtige Hinweise für eine Frage liefern, die seit jeher umstritten ist: nämlich ob Klimaschwankungen möglicherweise von Veränderungen auf der Sonne ausgelöst werden. Während dieser Kaltzeit hat die Sonne sich offenbar ein bisschen launenhaft verhalten: In der zweiten Hälfte des 17. Jahrhunderts und in den ersten Jahren des 18. Jahrhunderts gab es eine rätselhafte siebenjährige Phase, die man heute nach dem Wissenschaftler, der sie als Erster bemerkte, als Maunder-Minimum bezeichnet – eine Periode, in der Sonnenflecken rar waren. Die Aktivität auf der turbulenten Oberfläche der Sonne – Sonneneruptionen, Sonnenflecken und dergleichen – steigt bis zu einem Gipfelpunkt an und geht dann wieder zurück; dieser Kreislauf wiederholt sich mit einer Periodizität, die ein wenig unstet ist, aber ungefähr elf bis zwölf Jahre beträgt. Seit über 200 Jahren wird behauptet, dass dieser Zyklus das Klima beeinflusse, aber die These ist bis heute umstritten. (Man vertrat sogar die Meinung, dass der Konjunkturzyklus der Sonnenaktivität folge.) Außerdem gibt es Behauptungen, dass die Länge des Zyklus – gleichgültig ob er eher elf oder zwölf Jahre dauert – sich auf die Durchschnittstemperatur auswirke.

Wie Sonnenflecken und -eruptionen (oder ihr Fehlen) in solchem Ausmaß das Klima zu beeinflussen vermögen, kann eigentlich niemand erklären. Die Sonnenflecken hängen aber mit dem magnetischen Verhalten der Sonne zusammen und mit den Eruptionen, während derer schnelle Teilchen ausgestrahlt werden, die auf die Erde treffen. Diese Teilchen enthalten zwar nur einen winzigen Bruchteil der Energie der Sonne, doch sollten wir die Möglichkeit bedenken, dass ein »Verstärker« in der oberen Atmosphäre sie befähigt, beträchtliche Veränderungen in der Wolkendecke auszulösen. Wissenschaftler wurden schon öfter dabei ertappt, dass sie sich weigerten, offenkundige Tatsachen zu akzeptieren, weil sie diese nicht zu erklären vermochten. (Ein spektakuläres Beispiel ist die Kontinentalverschiebung. Die Küstenlinien von Europa und Afrika scheinen wie Puzzleteile mit den Linien von Nord- und Südamerika zusammenzupassen, so als hätten diese Landmassen einmal eine Einheit gebildet und seien dann auseinander gedriftet. Bis in die 1960er-Jahre hinein hatte niemand eine Erklärung dafür, dass die Kontinente sich bewegen können, und führende Geophysiker leugneten lieber, was sie mit eigenen Augen sahen, als sich mit einer Kontinentalverschiebung abzufinden, die auf einem Mechanismus beruhen mochte, den zu erklären sie nicht scharfsinnig genug waren.)

Auch andere Umweltfaktoren wirken sich auf das Klima aus, zum Beispiel große Vulkanausbrüche. Der im Jahr 1815 ausgebrochene indonesische Vulkan Tambora katapultierte hundert Kubikkilometer Staub in die Stratosphäre und dazu Gase, die zusammen mit Wasserdampf ein Aerosol von Schwefelsäuretröpfchen ergaben. Im folgenden Jahr herrschte in Europa und in Neuengland ein außergewöhnlich kaltes Klima, und man sprach von einem »Jahr ohne Sommer«. (Mary Shelley verkroch sich während des nicht der Jahreszeit entsprechenden Wetters in der Villa, die Byron am Genfer See gemietet hatte, und schrieb ihre Gruselgeschichte »*Frankenstein*«, den ersten modernen Science-Fiction-Roman.)

Eine völlig unerwartete, durch Menschen verursachte Veränderung der Atmosphäre war das Auftreten des Ozonlochs über der Antarktis, hervorgerufen durch chemische Reaktionen von Fluorchlorkohlenwasserstoff (FCKW) in der Stratosphäre, welche die Ozonschicht zerstörten. Diesem Problem hat man durch ein internationales Abkommen abgeholfen, demzufolge die Produktion des verantwortlichen FCKW, das als Treibmittel in Sprühdosen und als Kühlmittel in Kühlschränken verwendet wurde, allmählich eingestellt wird; inzwischen füllt sich das Ozonloch wieder. Aber im Grunde können wir von Glück reden, dass dieses Problem sich so leicht beheben ließ. Paul Crutzen, einer der Chemiker, welche die FCKW-Reaktionen in der oberen Atmosphäre aufklärten, hat darauf verwiesen, dass es ein technischer Zufall und eine Laune der Chemie war, dass das handelsübliche Kühlmittel, für das man sich in den 1930er-Jahren entschied, auf Chlor basierte. Wenn man stattdessen Brom genommen hätte, wären die Folgen für die Atmosphäre einschneidender und dauerhafter gewesen.

Treibhauserwärmung

Anders als die Zerstörung der Ozonschicht ist die globale Erwärmung infolge des so genannten »Treibhauseffekts« – ein Umweltproblem, das sich nicht so rasch beheben lässt. Dieser Effekt beruht darauf, dass die Atmosphäre für das einfallende Sonnenlicht durchlässiger ist als für die infrarote »Wärmestrahlung«, die von der Erde ausgeht; die Wärme wird dadurch festgehalten wie in einem Treibhaus. Kohlendioxid ist eines der »Treibhausgase«, welche die Wärme festhalten; zu ihnen gehören außerdem Wasserdampf und Methan.[8] Der Kohlendioxidgehalt der Atmosphäre liegt bereits, bedingt durch den gesteigerten Verbrauch fossiler Brennstoffe, um fünfzig Prozent über dem Stand der vorindustriellen Ära. Es besteht Einigkeit darüber, dass dieser Zuwachs die Welt im 21. Jahrhundert heißer machen wird als sonst, unklar ist nur noch, um wie viel. Selbst wenn wir den Kohlendioxidgehalt im Jahr 2100 kennen würden, würde das noch nichts über das Ausmaß der Erwärmung aussagen. Sollte die mittlere Temperatur – eine sehr zurückhaltende Schätzung – um rund zwei Grad steigen, wäre mit weiteren negativen Folgen (etwa mehr Stürmen und sonstigen extremen Wetterlagen) zu rechnen.

Man kann nicht sagen, dass das gegenwärtige Klima der Erde optimal ist: Die menschliche Zivilisation hat sich im Laufe von Jahrhunderten einfach diesen Witterungsverhältnissen angepasst, ebenso wie die Pflanzen (die natürlichen und die landwirtschaftlich genutzten), mit denen wir unseren Lebensraum teilen. Die bevorstehende globale Erwärmung könnte deshalb bedrohlich sein, weil sie sehr viel rascher eintreten wird als die natürlichen Klimaänderungen in der Vergangenheit, zu rasch, als dass die menschliche Bevölkerung, die Art und Weise der Bodennutzung und die natürliche Vegetation sich darauf einzustellen vermögen. Aufgrund der globalen Erwärmung könnte der Meeresspiegel ansteigen, Unwetter könnten zunehmen und von Mücken übertragene Krankheiten sich in nördlichere Breiten ausdehnen. Eine (aus unserer menschlichen Sicht) erfreuliche Seite: In Kanada und Sibirien wird das Klima gemäßigter werden.

Eine stetige globale Erwärmung in dem Tempo, das der »zurückhaltenden besten Schätzung« entspricht, wird in der Umstellung der Landwirtschaft, dem Küstenschutz und anderen Bereichen Kosten verursachen und gebietsweise zu vermehrten Dürreperioden führen. Zwischenstaatlich vereinbarte Maßnahmen zur Eindämmung der globalen Erwärmung würden sich sicherlich bezahlt machen. Es wäre jedoch übertrieben, einen Temperaturanstieg um zwei bis drei Grad an sich als eine globale Katastrophe zu betrachten. Wirtschaftliche Fortschritte würden dadurch abrupt gebremst, und viele Länder würden verarmen. Hungersnöte in einem Land sind in der Regel nicht auf einen absoluten Mangel an Nahrungsmitteln zurückzuführen, sondern auf ungleiche Besitzverhältnisse, und dagegen kann der Staat etwas tun. Durch internationale Maßnahmen ließen sich die Folgen des Klimawandels mildern und seine Belastungen gerechter verteilen.

Die scheinbare Verlangsamung des Bevölkerungswachstums wirkt sich im Zusammenhang mit der globalen Erwärmung natürlich positiv aus: Weniger Menschen bedeuten weniger Emissionen. Allerdings sind die Atmosphäre und die Meere so träge Systeme, dass unabhängig davon, was wir unternehmen, bis zum Jahr 2100 mit einem Anstieg der mittleren Temperatur um mindestens zwei Grad gerechnet werden muss. Alle Prognosen, die über diesen Zeitrahmen hinausgehen, liegen selbstverständlich dem Umstand zugrunde, wie die Anzahl der Bevölkerung dann sein wird und wie die Menschen leben und arbeiten. Außerdem hängt die langfristige Hochrechnung davon ab, ob die fossilen Brennstoffe durch erneuerbare Energien ersetzt werden. Optimisten gehen davon aus, dass dies selbstverständlich geschehen wird. Bjorn Lomberg, der gegen die Umweltpessimisten zu Felde zieht, führt das Diktum eines saudi-arabischen Ölministers an: »Das Ölzeitalter wird enden, aber nicht aus Mangel an Öl, genau wie die Steinzeit endete, aber nicht aus Mangel an Steinen.«[9] Die meisten Experten sind aber der Ansicht, dass die Staaten Höchstgrenzen der Kohlendioxidemission festlegen sollten – nicht nur wegen der direkten Auswirkungen, sondern auch als Anreiz zur Entwicklung effizienterer erneuerbarer Energiequellen.

Was sind die »schlimmsten Fälle«?

Für die Masse der Weltbevölkerung waren die ideologischen Standpunkte der Ost-West-Beziehungen, die hinter der nuklearen Konfrontation standen, eine nichts sagende Ablenkung von den drängenden Problemen der Armut und der Umweltgefährdung. Zu den uralten »Bedrohungen ohne Feinde« (Erdbeben, Stürme und Dürren) muss man heute die durch den Menschen verursachten Gefährdungen der Biosphäre und der Meere hinzunehmen. Natürlich war die Biosphäre der Erde im Verlauf ihrer Geschichte einem unablässigen Wandel unterworfen. Doch die gegenwärtigen Veränderungen – Verschmutzung, Verlust an Biodiversität, globale Erwärmung und so weiter – sind in ihrem Tempo ohne Beispiel.

Die Probleme der Umweltverschlechterung werden künftig weit bedrohlicher werden, als sie es schon heute sind. Es ist möglich, dass das Ökosystem sich ihnen nicht mehr anzupassen vermag. Selbst wenn die globale Erwärmung sich im Rahmen der vorliegenden Prognosen langsamer vollziehen sollte, könnten ihre Folgen – darunter der Kampf um Wasserreserven und große Wanderungsbewegungen – Spannungen erzeugen, die internationale und regionale Konflikte auslösen, besonders wenn diese zusätzlich durch ein anhaltendes Bevölkerungswachstum geschürt werden. Ein solcher Konflikt könnte überdies in möglicherweise katastrophalem Ausmaß verschärft werden durch die zunehmend effektiveren Zerstörungstechniken, mit denen die neue Technologie selbst kleine Gruppen ausstattet.

Weil die Wechselwirkung von Atmosphäre und Meeren so komplex und unsicher ist, dürfen wir nicht das Risiko unterschätzen, dass die globale Erwärmung weit rasanter verläuft, als es die »beste Prognose« anzunehmen vermag. Der Anstieg bis zum Jahr 2100 könnte sogar über fünf Grad hinausgehen. Die Temperatur könnte sich – noch schlimmer – nicht bloß im direkten (»linearen«) Verhältnis zum Kohlendioxidgehalt ändern. Wenn eine bestimmte Schwelle erreicht ist, könnte es zu einem plötzlichen, drastischen »Umkippen« in ein neues Muster der Luft- und Meeresströmungen kommen.

Der Golfstrom ist Teil eines so genannten »Förderbandes«, eines Strömungssystems, das warmes Wasser oberflächennah nordostwärts nach Europa »transportiert« und, abgekühlt, in größeren Tiefen zurückströmen lässt.[10] Beim Abschmelzen des Grönlandeises würden riesige Mengen Süßwasser frei, welches das Salzwasser verdünnen und ihm so viel Auftrieb verleihen würde, dass es auch nach einer Abkühlung nicht sinkt. Dieser Süßwasserzustrom könnte das »thermohaline« (vom Salzgehalt und der Temperatur des Meeres abhängige) Strömungsmuster zerstören, von dem die Erhaltung des gemäßigten Klimas im nördlichen Europa entscheidend abhängt. Würde der Golfstrom gestutzt oder umgekehrt, so könnten Großbritannien und benachbarte Länder in nahezu arktische Winter gestürzt werden, wie sie heute auf ähnlichen Breiten in Kanada und Sibirien herrschen.

Dass sich in der Vergangenheit solche Veränderungen vollzogen haben, wissen wir aufgrund der Untersuchung von Bohrkernen aus der Eisdecke Grönlands und der Antarktis, die gewissermaßen fossile Temperaturdokumente sind: Alljährlich entsteht oben eine neue Eisschicht, welche die älteren Schichten zusammenpresst. In den letzten 100 000 Jahren ist es oftmals innerhalb von Jahrzehnten oder noch kürzeren Perioden zu drastischen Abkühlungen gekommen. Während der vergangenen acht Jahrtausende war das Klima sogar ungewöhnlich stabil. Es ist zu befürchten, dass die von Menschen bewirkte globale Erwärmung das nächste »Umkippen« möglicherweise beschleunigt.[11]

Ein »Umkippen« des Golfstroms wäre eine Katastrophe für Westeuropa, könnte aber anderswo eine positive »Kehrseite« haben. Ein anderes (zugegebenermaßen unwahrscheinliches) Szenario sieht einen so genannten »ungebremsten Treibhauseffekt« vorher, bei dem steigende Temperaturen eine positive Rückkoppelung erzeugen, die noch mehr Treibhausgas freisetzt. Die Erde müsste sich bereits erheblich mehr erwärmt haben, als es tatsächlich der Fall ist, wenn eine ungebremste Verdunstung von Meerwasser eine echte Gefahr wäre (Wasserdampf ist ein Treibhausgas).[12] Nicht so kategorisch können wir jedoch einen Selbstläufer ausschließen, der mit der Freisetzung riesiger Mengen Methan entstünde (es wirkt als Treibhausgas mindestens zwanzigmal so stark wie Kohlendioxid), das im Boden gespeichert ist. Ein solcher Selbstläufer wäre eine globale Katastrophe.

Es wäre beruhigend, wenn wir absolut sicher sein könnten, dass nichts Dramatischeres eintreten wird als »lineare« Veränderungen des Klimas. Die geringe Wahrscheinlichkeit einer wirklich katastrophalen Entwicklung ist besorgniserregender als die größere

Wahrscheinlichkeit nicht so extremer Ereignisse. Selbst die einschneidendsten denkbaren Klimaveränderungen würden nicht direkt die gesamte Menschheit vernichten können, aber die schlimmsten könnten, verbunden mit einem Übergang zu wechselhafteren und extremeren Wetterlagen, Jahrzehnte des wirtschaftlichen und sozialen Fortschritts zunichte machen.

Schon eine einprozentige Wahrscheinlichkeit, dass vom Menschen herbeigeführte Veränderungen der Atmosphäre einen plötzlichen, extremen Klimawechsel auslösen könnten – und ein Meteorologe müsste wirklich sehr zuversichtlich sein, wenn er die Wahrscheinlichkeit so gering veranschlagen würde –, ist beunruhigend genug, um Gegenmaßnahmen zu rechtfertigen, die weit drastischer sind als das, was schon im Kyoto-Abkommen vorgesehen ist (demnach sollen die Industrieländer ihre Kohlendioxidemissionen bis 2012 auf den Stand von 1990 reduzieren). Eine solche Gefährdung wäre hundertmal größer als das normale Risiko einer Umweltkatastrophe, dem die Erde unabhängig von menschlichen Aktivitäten durch Asteroideneinschläge und extreme vulkanische Ereignisse ausgesetzt ist.

Ich beende dieses Kapitel mit dem Zitat einer nüchternen Einschätzung des britischen Thronfolgers Prinz Charles, dessen Ansichten selten zustimmend von Wissenschaftlern angeführt werden[13]: »Unter allen Gefährdungen unserer Sicherheit sind die strategischen Bedrohungen, die von globalen Problemen der Umwelt und der Entwicklung ausgehen, am komplexesten, am stärksten miteinander verwoben und potenziell am verheerendsten. Wie sich unser Angriff auf das komplizierte Geflecht von Atmosphäre, Wasser, Land und Leben in all seiner biologischen Vielfalt auswirken wird, haben die Wissenschaftler ... noch nicht vollständig begriffen. Es könnte schlimmer kommen, als die gegenwärtig besten Vermutungen der Wissenschaft erwarten lassen. In militärischen Angelegenheiten richtet man sich seit langem nach der Maxime, dass wir für den schlimmsten Fall gerüstet sein sollten. Warum sollte es anders sein, wenn die bedrohte Sicherheit die des Planeten und unserer langfristigen Zukunft ist?«

9. Extreme Risiken: Eine Pascalsche Wette

Es gibt Experimente, welche die ganze Erde bedrohen könnten. Wie nah bei Null muss das behauptete Risiko sein, bevor solche Experimente erlaubt werden?

Von dem Mathematiker und Mystiker Blaise Pascal stammt ein berühmtes Argument für ein gottesfürchtiges Verhalten: Auch wenn man es für überaus unwahrscheinlich halte, dass es einen rachsüchtigen Gott gebe, wäre es umsichtig und vernünftig, sich so zu verhalten, als gäbe es Ihn, weil es sich lohne, als »Versicherungsprämie« den (endlichen) Preis zu zahlen, auf unerlaubte Vergnügungen in diesem Leben zu verzichten, um sich im Jenseits vor der noch so geringen Wahrscheinlichkeit von etwas unendlich Schrecklichem – dem ewigen Höllenfeuer – zu bewahren. Dieses Argument scheint heute selbst bei erklärten Gläubigen wenig Widerhall zu finden.

Pascals berühmte »Wette« ist eine extreme Version der »Vorsichtsregel«.[1] In der Gesundheits- und Umweltpolitik wird diese Überlegung vielfach angewandt. Es ist ja eindeutig ungewiss, wie genetisch veränderte Pflanzen und Tiere sich langfristig auf die menschliche Gesundheit und das ökologische Gleichgewicht auswirken werden – so unwahrscheinlich ein katastrophaler Ausgang auch erscheinen mag, man kann ihn doch nicht ausschließen. Verfechter der Vorsichtsregel verlangen, dass wir umsichtig handeln sollten und dass die Befürworter neuer Verfahren – etwa der genetischen Veränderung von Nutzpflanzen – die Beweislast tragen und uns überzeugen müssen, dass solche Befürchtungen jeglicher Grundlage entbehren – oder dass die Risiken zumindest so klein sind, dass sie durch beträchtliche und genau angebbare Vorteile aufgewogen werden. Ein analoges Argument besagt, dass wir auf die Vorteile eines übertriebenen Energieverbrauchs verzichten und dadurch das Risiko schwer wiegender schädlicher Folgen der globalen Erwärmung verringern sollten, insbesondere das unbedeutende Risiko, dass ihre Folgen weit ernster sein könnten, als die »beste Vermutung« erwarten lässt.

Die Kehrseite der immensen Zukunftsverheißungen der Technologie ist, wie ich in früheren Kapiteln betont habe, eine wachsende Vielfalt potenzieller Katastrophen, und zwar nicht nur aus böswilliger Absicht, sondern auch durch Versehen und Irrtümer. Es sind Ereignisse denkbar – mögen sie auch unwahrscheinlich sein –, die weltweite Epidemien tödlicher Krankheiten verursachen könnten, gegen die noch kein Kraut gewachsen ist, Ereignisse, welche die Gesellschaft unwiderruflich verändern könnten. Langfristig noch bedrohlicher könnten die Robotik und die Nanotechnologie sein.

Nicht undenkbar ist aber, dass auch die Physik gefährlich sein könnte. Man bastelt an Experimenten, bei denen Bedingungen erzeugt werden, die extremer sind als alle natürlichen Gegebenheiten. Was dann geschehen wird, weiß niemand. Es wäre ja auch sinnlos, sich überhaupt mit Experimenten zu befassen, wenn deren Ergebnisse sich vollständig vorhersagen ließen. Theoretiker haben die Vermutung geäußert, dass bestimmte Arten von Experimenten einen eskalierenden Prozess entfesseln könnten, der nicht nur uns, sondern sogar die ganze Erde zerstören würde. Ein solches Ereignis erscheint weit unwahrscheinlicher als die durch Menschen ausgelösten Bio- oder Nanokatastrophen, die uns im Laufe dieses Jahrhunderts zustoßen könnten, sogar unwahrscheinlicher als ein massiver Asteroideneinschlag. Käme es aber zu einer solchen Katastrophe, so wäre sie vermutlich schlimmer als die »bloße« Zerstörung der Zivilisation oder gar die Vernichtung jeglichen menschlichen Lebens. Sie wirft die Frage auf, wie wir Abstufungen des Grauens quantifizieren sollen und welche Vorkehrungen (von wem) gegen Ereignisse getroffen werden sollten, deren Wahrscheinlichkeit verschwindend klein erscheinen mag, die aber zu einer »nahezu unendlich schlimmen« Katastrophe führen könnten. Sollten wir aus dem gleichen Grund, aus dem Pascal ein kluges Verhalten empfahl, auf gewisse Experimente verzichten?

Die ganze Erde aufs Spiel setzen

Prometheische Besorgnisse dieser Art reichen zurück bis zum Atombombenprojekt während des Zweiten Weltkriegs. Können wir, fragten sich damals einige, absolut sicher sein, dass eine Kernexplosion nicht die ganze Atmosphäre oder die Meere in Brand steckt? Edward Teller stellte schon 1942 solche Überlegungen an,[2] und Hans Bethe führte eine kurze Berechnung durch, mit der er zu einem beruhigenden Ergebnis gelangte. Bevor die erste Atombombe im »Trinity«-Test von 1945 in New Mexico erprobt wurde, sprachen Teller und Kollegen diese Frage in einem Los-Alamos-Report an.[3] Im Hinblick auf eine mögliche eskalierende Reaktion des atmosphärischen Stickstoffs meinten die Verfasser, dass »das einzig Beunruhigende ist, dass der ›Sicherheitsfaktor‹ mit der Anfangstemperatur rasch abnimmt«. Diese Schlussfolgerung führte in den 1950er-Jahren erneut zu Bedenken, weil Wasserstoff-(Fusions-)bomben in der Tat noch höhere Temperaturen erzeugen; Gregory Briet, ein anderer Physiker, befasste sich vor dem ersten H-Bombentest nochmals mit dem Problem. Inzwischen weiß man, dass der »Sicherheitsfaktor« sogar sehr groß war. Man fragt sich aber, wie klein der Faktor nach damaligen Schätzungen hätte sein müssen, damit die Verantwortlichen es für klug erachtet hätten, die H-Bombentests aufzugeben.

Heute steht fest, dass eine einzelne Atomwaffe, so verheerend sie auch sein mag, nicht imstande ist, eine nukleare Kettenreaktion auszulösen, welche die Erde oder ihre Atmosphäre völlig zerstören würde. (Allerdings könnten die vereinten Waffenvorräte der

Vereinigten Staaten und Russlands, würden sie gezündet, einen ebenso schlimmen Effekt haben wie jede Naturkatastrophe, die in den nächsten 100 000 Jahren zu erwarten ist.) Von gewissen, aus reiner wissenschaftlicher Neugier durchgeführten physikalischen Experimenten könnte aber – jedenfalls wurde dies verschiedentlich behauptet – eine Bedrohung von globalen, ja sogar kosmischen Dimensionen ausgehen. Diese Experimente bieten eine interessante »Fallstudie« für die Frage, wer (auf welche Weise) entscheiden sollte, ob ein Experiment genehmigt wird, das eine katastrophale »Kehrseite« hat, die sehr unwahrscheinlich, aber nicht ganz unvorstellbar ist, besonders dann, wenn die führenden Experten ihren Theorien nicht genügend vertrauen, um die überzeugende Beruhigung zu vermitteln, welche die Öffentlichkeit mit Recht von ihnen erwarten kann.

Die meisten Physiker (zu denen auch ich mich rechnen möchte) würden diese Bedrohungen als äußerst unwahrscheinlich einstufen. Man muss sich aber klar machen, was eine solche Aussage wirklich bedeutet. Der Begriff »Wahrscheinlichkeit« hat zwei verschiedene Bedeutungen. Die erste, die zu einer sicheren und objektiven Schätzung führt, gilt dann, wenn der zugrunde liegende Mechanismus gut verstanden oder wenn das ermittelte Resultat schon viele Male vorgekommen ist. So lässt sich zum Beispiel leicht errechnen, dass, wenn eine unverfälschte Münze zehnmal geworfen wird, die Wahrscheinlichkeit, dass das Geldstück zehnmal mit dem Kopf oben landet, etwas kleiner als eins zu tausend ist. Auch die Wahrscheinlichkeit, sich bei einer Epidemie Masern zuzuziehen, lässt sich quantifizieren; denn wenn uns auch nicht alle biologischen Details der Virusübertragung bekannt sind, so haben wir doch Daten von vielen früheren Epidemien. Es gibt aber noch eine zweite Art von Wahrscheinlichkeit, die nicht mehr ausdrückt als eine Vermutung, die sich auf gewisse Kenntnisse stützt und die sich ändern kann, wenn wir neue Erkenntnisse gewinnen. (Die Einschätzungen, mit denen sich verschiedene Experten etwa über die Folgen der globalen Erwärmung zu Wort melden, sind solche »subjektiven Wahrscheinlichkeits«-Aussagen.) Bei der Untersuchung eines Verbrechens kann die Polizei beispielsweise sagen, dass es »sehr wahrscheinlich« oder »höchst unwahrscheinlich« ist, dass eine Leiche an einer bestimmten Stelle vergraben wurde. Darin drückt sich aber nicht mehr aus als die mutmaßliche Wahrscheinlichkeit im Lichte der bisherigen Erkenntnisse. Wenn man dann gräbt, wird sich zeigen, dass die Leiche dort liegt oder nicht, und demnach ist die Wahrscheinlichkeit entweder eins oder null. Wenn Physiker sich mit einem Ereignis befassen, das noch nie stattgefunden hat, oder mit einem Prozess, den man nicht richtig nachvollziehen konnte, dann ähneln alle Schätzungen, die sie abgeben können, dieser zweiten Art von Wahrscheinlichkeit: Es sind Vermutungen, die sich (oft sehr stark) auf bewährte Theorien stützen, die aber bei der Konfrontation mit neuen Tatsachen oder Erkenntnissen revidiert werden können.

Unser »letztes« Experiment?

Physiker möchten das Wesen der Teilchen verstehen, aus denen die Welt besteht, und die Kräfte, von denen diese Teilchen regiert werden. Sie sind darauf erpicht, die extremsten Energien, Drücke und Temperaturen zu erkunden, und bauen zu diesem Zweck riesige, komplizierte Maschinen: Teilchenbeschleuniger. Das Ziel, eine hohe Energiekonzentration zu erzeugen, erreicht man am besten, indem man Atome auf ein enormes, an die Lichtgeschwindigkeit grenzendes Tempo beschleunigt und sie aufeinander prallen lässt. Am geeignetsten hierfür sind sehr schwere Atome. Ein Goldatom zum Beispiel hat fast 200-mal die Masse eines Wasserstoffatoms. Sein Kern enthält 79 Protonen und 118 Neutronen. Noch schwerer ist ein Bleikern mit 82 Protonen und 125 Neutronen. Lässt man zwei solche Atome aufeinander prallen, so implodieren die Protonen und Neutronen, aus denen sie bestehen, zu einer Dichte und einem Druck, die weit höher sind als in dem Zustand, in dem sie einem normalen Gold- oder Bleikern angehörten. Sie können dann in noch kleinere Teilchen zerfallen. Da jedes Proton und jedes Neutron der Theorie zufolge aus drei Quarks bestehen, entstehen aus dem Zusammenprall über 1000 Quarks. Die Bedingungen eines Teilchenbeschleunigers bilden im Kleinen jene Gegebenheiten nach, welche in der ersten Mikrosekunde nach dem »Urknall« herrschten, als die gesamte Materie des Universums in einem so genannten Quark-Gluon-Plasma zusammengepresst war.

Von manchen Physikern wird die Möglichkeit erwogen, dass diese Experimente weit Schlimmeres bewirken könnten als die Zertrümmerung von ein paar Atomen: nämlich die Zerstörung unserer Erde oder gar unseres gesamten Universums. Ein solches Ereignis ist das Thema des Romans »*COSM*« von Greg Benford; ein Experiment am Brookhaven-Laboratorium zerstört den Beschleuniger und erzeugt ein neues »Mikrouniversum« (das tröstlicherweise eingeschlossen bleibt in eine Kugel, die so klein ist, dass ihr Schöpfer, ein Student, sie umhertragen kann).[4]

Ein Experiment, das eine beispiellose Energiekonzentration erzeugt, könnte – auch wenn es äußerst unwahrscheinlich ist – drei ganz verschiedene Katastrophen auslösen.

Es könnte ein Schwarzes Loch entstehen, das dann alles in sich hineinschlingt. Die Energie, die nach Einsteins Relativitätstheorie nötig ist, um auch nur das kleinste Schwarze Loch zu erzeugen, geht weit über das hinaus, was diese Kollisionen zu bewirken in der Lage wären. Doch neueren Theorien zufolge gibt es mehr Raumdimensionen als nur unsere gewohnten drei, und da infolgedessen die Gravitation stärker sein muss, dürfte es einfacher sein als bisher angenommen, dass ein kleines Objekt zu einem Schwarzen Loch implodiert.[5] Diese Löcher würden aber den neuen Theorien zufolge unschädlich sein, weil sie fast augenblicklich zergingen, statt mehr Materie aus ihrer Umgebung in sich hineinzuziehen.

Die zweite erschreckende Möglichkeit besteht darin, dass die Quarks sich zu einem sehr dichten Objekt neu ordnen könnten, einem so genannten Strangelet. Das hätte an und für sich nichts Bedrohliches, denn das Strangelet wäre immer noch weit kleiner als ein einzelnes Atom. Das Gefährliche daran ist jedoch, dass ein Strangelet durch Ansteckung alles, was mit ihm in Berührung kommt, in eine seltsame neue Form von Materie verwandeln könnte. In Kurt Vonneguts Roman »*Katzenwiege*« erzeugt ein Pentagon-Forscher eine neue Form von Eis, »Eis 9«, die bei Normaltemperatur fest ist; wenn sie aus dem Labor entweicht, »infiziert« sie das natürliche Wasser, und sogar die Ozeane gefrieren.[6] Im gleichen Sinne könnte eine hypothetische Strangelet-Katastrophe den ganzen Erdball in eine träge, hyperdichte Kugel von hundert Meter Durchmesser verwandeln.

Das dritte Risiko dieser Kollisionsexperimente ist noch exotischer und möglicherweise das verheerendste: eine Katastrophe, die den Raum überhaupt verschlingt. Der leere Raum – das, was die Physiker »Vakuum« nennen – ist kein bloßes Nichts. Er ist der Schauplatz jeglichen Geschehens; in ihm stecken latent all jene Kräfte und Teilchen, welche unsere physikalische Welt bestimmen. Manche Physiker vermuten, dass der Raum in unterschiedlichen »Phasen« existieren kann, so wie es Wasser in drei Formen gibt: als Eis, Flüssigkeit und Dampf. Das gegenwärtige Vakuum könnte außerdem zerbrechlich und instabil sein. Man zieht hier zum Vergleich unterkühltes Wasser heran. Wenn Wasser ganz rein und unbewegt ist, lässt es sich unter seinen normalen Gefrierpunkt abkühlen, ohne dass es gefriert; es genügt aber eine winzige lokalisierte Störung – ein Stäubchen, das hineinfällt –, und schon verwandelt sich das unterkühlte Wasser in Eis. Daran anknüpfend wurden verschiedentlich Überlegungen angestellt, denen zufolge die konzentrierte Energie, die beim Zusammenprall von Teilchen erzeugt wird, einen »Phasenübergang« auslösen könnte, der den Raum als solchen auseinander reißen würde. Die Grenze des neuartigen Vakuums würde sich wie eine expandierende Blase ausbreiten. In dieser Blase könnten Atome nicht existieren. Das wäre das Ende nicht nur für uns und die Erde, sondern auch für alles; die ganze Galaxis und der Kosmos insgesamt würden verschlungen. Und wir würden dieses Desaster nicht kommen sehen. Die »Blase« des neuen Vakuums breitet sich lichtschnell aus, und deshalb könnte kein Signal uns vor unserem drohenden Schicksal warnen. Dies wäre eine Katastrophe von nicht bloß irdischen, sondern von kosmischen Dimensionen.

Physiker diskutieren ganz ernsthaft diese bizarr erscheinenden

Szenarien. Die Theorien, denen die meisten zuneigen, sind beruhigend: Aus ihnen folgt, dass das Risiko gleich null ist. Doch bezüglich dessen, was tatsächlich geschehen könnte, besitzen wir keine hundertprozentige Sicherheit. Physiker können sich alternative Theorien ausdenken (und sogar entsprechende Gleichungen formulieren), die sich mit allem, was wir wissen, im Einklang befinden, sodass man sie nicht völlig verwerfen kann, und ihnen zufolge könnte die eine oder andere dieser Katastrophen eintreten. Diese alternativen Theorien mögen nicht ungeteilte Zustimmung finden, aber sind sie deshalb so unglaubhaft, dass wir uns keine Sorgen zu machen brauchen?

Schon 1983 interessierten sich Physiker für solche Hochenergie-Experimente. Auf Einladung des Institute for Advanced Study in Princeton diskutierte ich diese Fragen mit Piet Hut, einem niederländischen Kollegen, der ebenfalls Gast in Princeton war und dort später Professor wurde. (An diesem Institut, an dem Freeman Dyson lange Zeit einen Lehrstuhl innehatte, wird ein akademischer Stil gepflegt, der zu »unorthodoxen« Gedanken und Spekulationen ermutigt.) Hut und ich waren uns darin einig, dass man die Unbedenklichkeit eines Experiments dadurch feststellen könnte, dass man schaut, ob die Natur es schon für uns durchgeführt hat. Es zeigte sich, dass ähnliche Kollisionen, wie sie 1983 von Experimentatoren geplant waren, ein allgegenwärtiges Phänomen sind. Der ganze Kosmos ist erfüllt von Teilchen, so genannten kosmischen Strahlen, die fast mit Lichtgeschwindigkeit durch das All rasen; diese Teilchen prallen im All ständig auf andere Atomkerne, und zwar mit einer Wucht, die sich mit keinem der heute realisierbaren Experimente erreichen ließe. Hut und ich gelangten zu dem Schluss, dass der leere Raum nicht so zerbrechlich sein kann, dass er von Experimenten, wie sie Physiker in ihren Beschleunigern durchführen, auseinander gerissen werden könnte.[7] Wäre er derart fragil, so gäbe es uns überhaupt nicht, denn dann hätte das Universum nicht so lange Bestand gehabt. Wenn die Leistung dieser Beschleuniger sich jedoch verhundertfachen würde (was aus finanziellen Gründen einstweilen ausgeschlossen ist, aber vielleicht erschwinglich werden könnte, wenn es gelänge, raffinierte neue

Konstruktionen zu entwickeln), würden diese Besorgnisse wieder aufleben – es sei denn, unser theoretisches Verständnis wäre bis dahin so weit fortgeschritten, dass wir schon aus der Theorie eindeutigere und beruhigendere Vorhersagen ableiten könnten.

Die alten Befürchtungen fanden neuerliche Nahrung, als bekannt wurde, dass man sowohl am Brookhaven National Laboratory in den USA als auch am CERN-Forschungszentrum in Genf vorhatte, Atome mit noch größerer Energie als bisher kollidieren zu lassen. John Marburger, der seinerzeit Direktor des Brookhaven Laboratory war (und jetzt wissenschaftlicher Berater von Präsident Bush ist), bat eine Gruppe von Experten, sich der Frage anzunehmen. Sie stellten eine Berechnung an, wie sie Hut und ich vorgenommen hatten, und gelangten zu dem beruhigenden Ergebnis, dass kein Weltuntergang durch ein Zerreißen des Raumes drohe.[8]

Nicht ganz so eindeutig wollten sich diese Physiker hinsichtlich des von Strangelets ausgehenden Risikos äußern. Gewiss kommen im All Kollisionen mit der gleichen Energie vor, aber unter Bedingungen, die sich in wesentlichen Gesichtspunkten von denen der geplanten terrestrischen Experimente unterscheiden; durch diese Unterschiede könnte sich die Wahrscheinlichkeit eines eskalierenden Prozesses ändern.

Die Mehrzahl der »natürlichen« kosmischen Kollisionen vollzieht sich im interstellaren Raum, wo die Teilchendichte so gering ist, dass es selbst dann, wenn dabei ein Strangelet entstehen sollte, unwahrscheinlich wäre, dass dieses auf einen dritten Kern trifft, und folglich kann ein eskalierender Prozess nicht stattfinden. Kollisionen mit der Erde unterscheiden sich ebenfalls in wesentlicher Hinsicht von denen in Beschleunigern, weil eintreffende Kerne in der Atmosphäre abgefangen werden, in der schwere Atome wie Blei und Gold fehlen.

Schnell fliegende Kerne treffen jedoch direkt auf die feste Oberfläche des Mondes, die solche Atome enthält. Solche Kollisionen haben sich während seiner ganzen Existenz ereignet. Der Mond ist aber trotzdem noch da, und aus dieser unbestreitbaren Tatsache zieht der Brookhaven-Bericht die tröstliche Schlussfolgerung, dass das geplante Experiment uns nicht auslöschen kann. Aber auch diese Kollisionen unterscheiden sich in einer möglicherweise bedeutsamen Hinsicht von denen, die sich im Brookhaven-Beschleuniger abspielen würden. Schlägt ein schnelles Teilchen auf die Mondoberfläche auf, so trifft es auf einen Kern, der sich nahezu im Ruhezustand befindet, und verpasst ihm einen »Stoß« oder Rückstoß. Die Strangelets, die bei der Kollision als Trümmer entstehen, würden an dieser Rückstoßbewegung teilhaben und von ihr durch das Mondmaterial geschickt werden. Bei den Beschleuniger-Experimenten kommt es dagegen zu symmetrischen Kollisionen, bei denen zwei Teilchen frontal aufeinander prallen. Es gibt daher keinen Rückstoß: Die Strangelets haben keine Eigenbewegung, wodurch es unter Umständen wahrscheinlicher wird, dass sie Material aus der Umgebung an sich reißen.

Da das Experiment Bedingungen schaffen würde, die in der Natur völlig unbekannt sind, konnte man nur aus zwei theoretischen Argumenten Beruhigung schöpfen. Erstens hielten die Theoretiker es für unwahrscheinlich, dass Strangelets, wenn es sie überhaupt gibt, bei diesen energiereichen Kollisionen entstehen würden; für wahrscheinlicher hielten sie es, dass die Trümmer nach der Kollision auseinander fliegen, statt sich zu einem einzigen Stück zusammenzufügen. Zweitens nahmen die Theoretiker an, dass Strangelets, falls sie sich bilden sollten, eine positive elektrische Ladung haben würden. Um ein eskalierendes Wachstum auszulösen, müssten die Strangelets dagegen negativ geladen sein (denn dann würden sie positiv geladene Atomkerne in ihrer Umgebung anziehen und nicht abstoßen).

Die besten theoretischen Einschätzungen sind folglich beruhigend. Sheldon Glashow, ein Theoretiker, und Richard Wilson, ein Experte für Energie- und Umweltfragen, fassten die Situation folgendermaßen zusammen: »Sollten Strangelets existieren (was denkbar ist), sollten sie ferner einigermaßen stabile Klumpen bilden (was unwahrscheinlich ist), sollten sie negativ geladen sein (obwohl die Theorie entschieden für positive Ladungen spricht) und sollten am [Brookhaven] Relativistic Heavy Ion Collider winzige Strangelets erzeugt werden können (was überaus unwahrscheinlich ist), so könnte es ein Problem geben. Ein neu gebildetes Strangelet könnte Atomkerne verschlingen, unaufhaltsam wachsen und letztlich die ganze Erde vernichten. Sooft man das Wort ›unwahrscheinlich‹ auch wiederholen mag – es reicht nicht aus, um unsere Ängste vor dieser totalen Katastrophe zu beschwichtigen.«[9]

Welche Risiken sind annehmbar?

Die Beschleuniger-Experimente haben mir nicht den Nachtschlaf geraubt. Ich kenne keinen einzigen Physiker, der ihretwegen auch nur im Entferntesten nervös geworden wäre. Diese Haltungen beruhen jedoch auf nichts anderem als subjektiven Einschätzungen, die sich auf eine gewisse Kenntnis des einschlägigen Faches stützen. Die theoretischen Argumente gehen, wie Glashow und Wilson unmissverständlich erklären, von Wahrscheinlichkeiten und nicht von Gewissheiten aus. Es gibt keinen Beweis dafür, dass genau die gleichen Bedingungen jemals in der Natur vorgekommen sind. Wir können nicht absolut sicher sein, dass Strangelets nicht zu einer eskalierenden Katastrophe führen könnten.

Der Brookhaven-Bericht und eine entsprechende Untersuchung von Wissenschaftlern am größten europäischen Beschleuniger CERN in Genf[10] wurden als beruhigend präsentiert. Doch selbst dann, wenn man sich ihre Überlegungen vollkommen zu Eigen machte, schien das Maß an Zuversicht, das sie boten, nicht ganz ausreichend zu sein. Sie schätzten das Risiko einer Katastrophe bei zehnjähriger Laufzeit des Experiments nicht höher ein als 1 zu 50 Millionen. Das sieht nach einem beeindruckenden Unterschied aus: Die Wahrscheinlichkeit einer Katastrophe ist geringer als die Chance, mit einem einzigen Los in der britischen Nationallotterie zu gewinnen – sie beträgt rund 1 zu 14 Millionen. Wenn der Nachteil aber in der Vernichtung der Weltbevölkerung besteht und der Vorteil einzig der »reinen« Wissenschaft zugute kommt, ist das nicht gut genug. Die Schwere einer Gefahr ermittelt man normalerweise dadurch, dass man die Wahrscheinlichkeit ihres

Eintretens mit der Zahl der gefährdeten Menschen multipliziert, um so auf die »erwartete Anzahl« der Toten festzustellen. Da die gesamte Weltbevölkerung gefährdet sein würde, teilten die Experten uns also mit, dass die erwartete Zahl menschlicher Opfer (im erwähnten technischen Sinne von »erwartet«) bis zu 120 betragen könnte (diese Zahl ergibt sich, wenn man die Weltbevölkerung mit sechs Milliarden annimmt und durch 50 Millionen teilt).

Selbstverständlich würde sich niemand für ein physikalisches Experiment aussprechen in dem Wissen, dass 120 Tote zu erwarten sind. Das ist natürlich nicht ganz genau das, was man uns in diesem Falle verdeutlichen will: Man sagt uns, dass eine Wahrscheinlichkeit von 1 zu 50 Millionen dafür besteht, dass sechs Milliarden Menschen getötet werden. Ist diese Aussicht ein wenig akzeptabler? Auch dabei wäre den meisten von uns, glaube ich, unbehaglich. Eher lassen wir uns auf Risiken ein, denen wir selbst uns freiwillig aussetzen, oder wenn wir einen ausgleichenden Vorteil erkennen. Keine dieser Bedingungen ist hier gegeben (außer für jene Physiker, die tatsächlich daran interessiert sind, was man aus dem Experiment lernen kann).

Mein Cambridge-Kollege Adrian Kent hat auf einen zweiten Gesichtspunkt hingewiesen: die Endgültigkeit und Vollständigkeit der Auslöschung, die sich aus diesem Szenario ergeben würde. Sie würde uns einer Erwartung berauben, die den meisten von uns wichtig ist ... nämlich der, dass nach unserem Tod eine biologische oder kulturelle Hinterlassenschaft von uns bleibt; sie würde die Hoffnung zerschlagen, dass unser Leben und unser Werk Teil eines weiter gehenden Fortschritts sein könnten. Sie würde, schlimmer noch, die Existenz einer (vielleicht erheblich größeren) Gesamtzahl von Menschen in allen künftigen Generationen verhindern. Man könnte daher zu dem Urteil gelangen, dass die Auslöschung der gesamten Weltbevölkerung (und die Vernichtung nicht nur der Menschen, sondern auch der gesamten Biosphäre) weit mehr als sechs Milliarden Mal so schlimm ist wie der Tod eines Einzelnen. Vielleicht sollten wir daher vor der Genehmigung solcher Experimente das mögliche Risiko noch strenger begrenzen.

Philosophen haben lange darüber debattiert, wie man die Rechte und Interessen »möglicher Menschen«, die es in Zukunft geben könnte, gegen die Rechte und Interessen der aktuell lebenden Menschen abwägen kann. Manche, darunter Schopenhauer, würden die sinnlose Vernichtung der Welt überhaupt nicht als ein Übel betrachten. Die meisten würden aber eher der Antwort von Jonathan Schell zustimmen: »Es ist zwar richtig, dass die Auslöschung nicht von den Ungeborenen wahrgenommen werden kann, denen sie zum Schicksal wurde – sie würden ungeboren bleiben –, doch gilt dies nicht für die Alternative zur Auslöschung, das Überleben. Wenn wir die Ungeborenen vom Leben ausschließen, werden sie nie die Möglichkeit haben, ihr Schicksal zu beklagen, aber wenn wir ihnen den Weg ins Leben nicht versperren, werden sie reichlich Gelegenheit haben, sich darüber zu freuen, dass sie geboren wurden, statt schon vor ihrer Geburt durch uns von der Existenz abgeschnitten worden zu sein. ... Es muss deshalb unser vordringlichster Wunsch sein, dass weiterhin Menschen geboren werden, und zwar um ihrer selbst willen und aus keinem anderen Grund. Alles andere – unser Wunsch, den künftigen Generationen dadurch zu dienen, dass wir ihnen eine lebenswerte Welt bereitstellen, und der Wunsch, selbst ein anständiges Leben zu führen in einer gemeinsamen Welt, die durch die Sicherheit der künftigen Generationen gesichert ist – ergibt sich aus dieser Verpflichtung. Zuerst kommt das Leben, alles andere ist Nebensache.«[11]

Wer sollte entscheiden?

Die Entscheidung, ein Experiment mit einer denkbaren »Weltuntergangs-Kehrseite« durchzuführen, sollte nur dann getroffen werden, wenn die Öffentlichkeit (oder ein sie repräsentierendes Gremium) überzeugt ist, dass das Risiko kleiner ist als das, was man kollektiv als eine annehmbare Schwelle betrachtet. In dem oben geschilderten Fall verfolgten die Theoretiker offenbar das Ziel, die Öffentlichkeit bezüglich einer Sorge zu beruhigen, die sie als unvernünftig betrachteten, und nicht, eine objektive Analyse zu erstellen. Die Öffentlichkeit hat ein Recht auf bessere Vorsichtsmaßnahmen. Es reicht nicht, eine oberflächliche Schätzung abzugeben, und sei das Risiko der Zerstörung der Welt auch noch so gering.

Francesco Calogero gehört zu den wenigen, die sich dieses Problems mit Sorgfalt angenommen haben. Er ist nicht nur Physiker, sondern auch langjähriger Verfechter der Rüstungsbeschränkung und ehemaliger Generalsekretär der Pugwash-Konferenzen. Er drückt seine Sorgen folgendermaßen aus: »Ich bin ein wenig beunruhigt darüber, dass man es bei der Erörterung dieser Fragen meines Erachtens an Objektivität fehlen lässt. ... Vielen, ja den meisten [derer, mit denen ich persönliche Gespräche geführt und Briefe gewechselt habe] scheint die öffentliche Wirkung dessen, was sie oder andere sagen oder schreiben, wichtiger zu sein als die Darstellung der Tatsachen mit uneingeschränkter wissenschaftlicher Objektivität.«[12]

Wie sollte die Gesellschaft sich davor schützen, unwissentlich dem nicht ganz null betragenden Risiko eines Ereignisses ausgesetzt zu werden, bei dem der potenzielle Schaden beinahe unendlich groß ist? Calogero schlägt vor, dass einem möglicherweise mit solchen Risiken behafteten Experiment die Genehmigung versagt werden sollte, wenn nicht zuvor eine Risikoanalyse durchgeführt wurde, wie man sie aus anderen Zusammenhängen kennt; dabei versucht ein »rotes Team« von Experten (dem keiner aus der Gruppe angehört, die das Experiment befürwortet), sich als *advocatus diaboli* das Schlimmste vorzustellen, das passieren könnte, während ein »blaues Team« sich bemüht, Gegenmittel oder Gegenargumente zu ersinnen.

Wenn es darum geht, Bedingungen zu erforschen, deren physikalische Aspekte »extrem« und nahezu unbekannt sind, wird man kaum etwas völlig ausschließen können. Können wir unserer Überlegung jemals so sicher sein, dass wir uns eine beruhigende Aussage mit dem Vertrauensniveau von einer Million, einer Milliarde oder gar einer Billion zu eins zutrauen? Theoretische Argumente vermögen selten eine dermaßen große Sicherheit zu bieten – sie können nie sicherer sein als die Annahmen, auf die sie sich stützen, und nur Theoretiker mit einem aberwitzig übersteigerten Selbstbewusstsein würden eine Wette von einer Milliarde zu eins auf die Richtigkeit ihrer Annahmen abschließen.

Auch wenn sich der Wahrscheinlichkeit eines katastrophalen Ausgangs eine glaubhafte Zahl zuordnen lässt, bleibt doch die Frage bestehen: Wie gering muss das angebliche Risiko sein, bevor wir diesen Experimenten nach entsprechender Aufklärung zustimmen würden? Da ein ausgleichender Vorteil für uns andere nicht erkennbar ist, würde das Risiko, das wir zu akzeptieren bereit sind, sicherlich niedriger sein als das, welches die Experimentatoren für sich akzeptieren würden. (Es wäre ebenfalls weit niedriger als das Risiko der atomaren Zerstörung, das die Bürger während des Kalten Krieges auf der Grundlage ihrer persönlichen Bewertung dessen, was auf dem Spiel stand, vermutlich akzeptiert hätten.[13]) Manche würden argumentieren, dass eine Wahrscheinlichkeit von eins zu fünfzig Millionen hinreichend gering sei, weil sie unter der Wahrscheinlichkeit liegt, dass die Erde im nächsten Jahr von einem Asteroiden getroffen wird, der groß genug ist, um weltweit Verwüstungen zu verursachen. (Dies ist, als würde man argumentieren, dass die zusätzliche Krebs erzeugende Wirkung künstlicher Strahlung akzeptabel sei, wenn sie das Risiko aus der natürlichen Strahlung lediglich verdoppelt.) Aber auch diese Grenze scheint nicht hinreichend strikt gezogen zu sein. Wir mögen uns vielleicht mit einem natürlichen Risiko (wie Asteroiden oder natürlichen Schadstoffen) abfinden, gegen das wir nicht viel tun können, aber das heißt nicht, dass wir ein zusätzliches vermeidbares Risiko von gleicher Tragweite hinnehmen sollten. Tatsächlich werden ja auch, wo immer es möglich ist, Anstrengungen unternommen, um weit geringere Risiken zu vermindern. Deshalb sollte es uns einige Anstrengungen wert sein, beispielsweise das Risiko von Asteroideneinschlägen zu verbessern.

Nach den staatlichen britischen Richtlinien bezüglich Strahlungsrisiken darf selbst die begrenzte Gruppe der Beschäftigten in Atomkraftwerken nicht einem Risiko von mehr als 1 zu 100 000 pro Jahr ausgesetzt werden, an den Folgen der Strahlenexposition zu sterben. Würden wir dieses Risiko meidende Kriterium auf das

Beschleuniger-Experiment übertragen und die Weltbevölkerung als die gefährdete Gruppe betrachten, dabei aber eine ebenso strikte Höchstzahl von Toten zugrunde legen, müssten wir auf der Zusicherung bestehen, dass die Wahrscheinlichkeit einer Katastrophe geringer sei als 1 zu 1000 Billionen (10^{-15}). Würde man – ein philosophisch umstrittener Standpunkt – dem Leben aller Menschen, auch derer, die künftig existieren könnten, gleiches Gewicht beimessen, so ließe sich sogar argumentieren, dass das hinnehmbare Risiko bis zu eine Million Mal geringer wäre.

Die verborgenen Kosten des Neinsagens

Dies führt zu einem Dilemma. Würde man die Vorsicht auf die Spitze treiben, so müsste man jedes Experiment verbieten, das neuartige künstliche Bedingungen schafft (es sei denn, wir wüssten, dass die Natur schon einmal an anderer Stelle für die gleichen Bedingungen gesorgt hat). Das würde jedoch die Wissenschaft vollkommen lähmen. Natürlich sollte es nicht verboten werden, eine neuartige Materie zu entwickeln, beispielsweise eine neue chemische Substanz, weil wir vollkommen sicher sind, in diesem Fall die zugrunde liegenden Prinzipien verstanden zu haben. Wenn wir aber an die Gefahrenschwelle kommen, wo es um die Schaffung eines, sagen wir, neuen Krankeitserregers geht, sollten wir vielleicht innehalten. Und wenn bei physikalischen Experimenten mit ultrahohen Energien Atomkerne in Bestandteile zerlegt werden, die noch nicht ausreichend erforscht worden sind, sollten wir vielleicht ebenfalls auf die Bremse treten.

Es gibt eine Grauzone von Fällen, in denen, wenn wir einmal die Uhr zurückstellen, Vorsicht angebracht gewesen wäre. So wird in Kühlmaschinen wissenschaftlicher Laboratorien für gewöhnlich flüssiges Helium verwendet, um Temperaturen zu erzeugen, die nur Bruchteile eines Grades über dem absoluten Nullpunkt (minus 273 Grad Celsius) liegen. So kalt ist es in der Natur nirgendwo, nicht auf der Erde und – so glauben wir – auch nirgendwo sonst im Universum: Alles wird auf beinahe drei Grad über dem absoluten Nullpunkt erwärmt durch die schwachen Mikrowellen, die ein Überbleibsel des heißen, dichten Anfangs der Welt sind, des Nachglühens der Schöpfung. Dr. Peter Michelson von der Stanford University hat einen Detektor für kosmische Gravitationswellen gebaut, die leichten Rippel in der Struktur des Raumes selbst, die nach Vorhersagen der Astronomen von kosmischen Explosionen erzeugt werden sollten. Das Instrument bestand aus einer Metallstange, die über eine Tonne wiegt und fast bis auf den absoluten Nullpunkt heruntergekühlt ist, um die Wärmeschwingungen zu reduzieren. Er bezeichnete diese Stange als »das kälteste Großobjekt im Universum, nicht nur auf der Erde«. Diese stolze Behauptung könnte zutreffen (es sei denn, Außerirdische hätten sich mit ähnlichen Experimenten befasst).

Hätten wir uns wirklich Sorgen machen sollen, als die erste Kühlmaschine mit flüssigem Helium eingeschaltet wurde? Ich glaube, ja. Sicherlich gab es damals keine Theorien, die auf eine Gefahr hindeuteten, aber das konnte einfach an mangelnder Vorstellungskraft liegen. Inzwischen wurden Theorien (sie sind, zugegeben, sehr unwahrscheinlich) entwickelt, die ein echtes Risiko vorhersagen, aber als man erstmals ultratiefe Temperaturen erreichte, waren die Unwägbarkeiten weit größer, und Physiker hätten gewiss nicht zuversichtlich behaupten können, die Wahrscheinlichkeit einer Katastrophe sei kleiner als eins zu einer Billion. Eine solch extrem kleine Wahrscheinlichkeit würde man vielleicht der Möglichkeit zuschreiben, dass morgen die Sonne nicht aufgeht oder dass man mit einem manipulierten Würfel hundert Sechser hintereinander würfelt. Diese Fälle beruhen jedoch auf physikalischen und mathematischen Prinzipien, die vollkommen verstanden und eindeutig »schlachterprobt« sind.

Wenn zu entscheiden ist, ob erneut ein Herumpfuschen an unserer Umwelt genehmigt werden soll, müssen wir fragen: Haben wir das fragliche Phänomen wirklich gründlich und eindeutig genug verstanden, um eine Katastrophe mit einem Vertrauensniveau ausschließen zu können, das uns beruhigt? Man kann nicht anders als Adrian Kent zustimmen: »Es ist offenkundig unbefriedigend, dass die Frage, was ein akzeptables Katastrophenrisiko darstellt, *ad hoc* nach den persönlichen Risikokriterien derer entschieden wird, die man zufällig konsultiert, denn es ist möglich, dass diese Kriterien – mögen die Betreffenden auch von ihnen überzeugt sein und mögen sie auch mit Bedacht konstruiert worden sein – nicht repräsentativ für die Allgemeinheit sind.«[14]

An Verfahren, die außer einem besseren Verständnis der Natur und der Befriedigung unserer Wissbegier kein bestimmtes Ziel verfolgen, sollten sehr strenge Sicherheitsanforderungen gestellt werden. Doch gewagtere Entscheidungen, die in unserem Namen getroffen werden, könnten wir vielleicht hinnehmen, wenn sich aus ihnen andererseits ein Nutzen ziehen ließe, besonders ein großer und dringender. So ist es nahezu sicher, dass Hans Bethe und Edward Teller an die Verkürzung des Zweiten Weltkriegs dachten, als sie berechneten, ob der erste Atombombentest die ganze Atmosphäre in Brand stecken würde. Wo so viel auf dem Spiel stand, durften sie sicherlich auch ohne das ultrahohe Sicherheitsniveau weitermachen, das wir erwarten würden, bevor ein wissenschaftliches Experiment dieses Kalibers in Friedenszeiten genehmigt wird.

Die Beschleuniger-Experimente beleuchten ein Dilemma, das uns in anderen Wissenschaften immer häufiger begegnen wird: Wer sollte (auf welche Weise) entscheiden, ob ein neues Experiment durchgeführt werden sollte, wenn ein desaströser Ausgang denkbar ist, aber für sehr, sehr unwahrscheinlich gehalten wird? Sie stellen einen interessanten »Testfall« dar, der uns – in einem sehr viel extremeren Kontext als bei allen biologischen Experimenten – zu einem Urteil über asymmetrische Situationen zwingt, bei denen sehr wahrscheinlich mit einem nützlichen und positiven Ergebnis zu rechnen ist, während es andererseits denkbar (wenngleich sehr unwahrscheinlich) ist, dass es zu völliger Zerstörung kommt. Der oben besprochene australische Mauspocken-Fall zeigte im Kleinen, was geschehen könnte, wenn – und sei es vollkommen unbeabsichtigt – ein gefährlicher Krankeitserreger geschaffen und freigesetzt würde. Im weiteren Verlauf des Jahrhunderts könnten nicht-biologische Mikromaschinen zu einer ebenso großen Gefahrenquelle werden wie bösartige Viren, und ein extremes Drexlersches »Grauer-Schleim-Szenario« wird dann vielleicht nicht mehr wie Science-Fiction erscheinen.

Selbst beim schlimmsten vorstellbaren biologischen Experiment wäre die »Kehrseite« niemals so schlimm wie beim Beschleuniger-Experiment, denn es stünde nicht die ganze Erde auf dem Spiel. Allerdings sind die Experimente in der Biologie und der Nanotechnologie – anders als dort, wo man riesige Teilchenbeschleuniger verwendet – von kleinerem Zuschnitt, und daher werden sie wahrscheinlich in weit größerer Zahl und Vielfalt durchgeführt werden. Wir brauchen folglich eine Sicherung dagegen, dass auch nur eines mit verheerenden Folgen schief geht. Würden unabhängig voneinander eine Million Experimente durchgeführt – mit der millionenfachen Möglichkeit einer Katastrophe –, wäre das hinnehmbare Risiko für jedes einzelne weit geringer als für ein einmaliges Experiment. Wollte man diese Überlegungen quantifizieren und in einer Zahl ausdrücken, so bräuchte man eine Schätzung über den wahrscheinlichen Nutzen. Größere Risiken wären annehmbar bei Experimenten, die eindeutig Millionen von Menschenleben retten könnten. Manchmal sind die Risiken, welche die Wissenschaft aufwirft, eine unumgängliche Begleiterscheinung des Fortschritts: Wenn wir nicht ein gewisses Risiko akzeptieren, müssen wir unter Umständen auf große Vorteile verzichten.

Bei der Risikoabschätzung bedient man sich einer bestimmten Argumentation, die oft zu übertrieben optimistischen Ergebnissen führt. Ein großer Unfall, zum Beispiel die Zerstörung eines Flugzeugs oder eines Raumfahrzeugs, kann auf unterschiedliche Weise zustande kommen und in jedem einzelnen Fall auf einer ganzen Reihe von Pannen beruhen (zum Beispiel dem gleichzeitigen oder sukzessiven Ausfall mehrerer Komponenten). Man kann das Risikomuster durch einen »Fehlerbaum« beschreiben, und die Wahrscheinlichkeiten der einzelnen Fehler werden dann zusammengefasst, ähnlich wie wenn man beim Pferderennen die Wahrscheinlichkeiten multipliziert, wenn man auf eine Kombination von Gewinnern wettet (die Rechnung ist jedoch etwas komplizierter, weil mehrere unterschiedliche Formen des Versagens vorliegen können, und die Pannen können in einer Weise miteinander verknüpft sein, wie es die Ergebnisse verschiedener Pferderennen nicht sind). Bei solchen Berechnungen werden manchmal wichtige Formen des Versagens übersehen, sodass sie ein falsches Gefühl der Sicherheit vermitteln. Die Raumfähre galt als so sicher, dass man das Risiko für ihre Besatzung kleiner als 1 zu 1000 einschätzte. Doch zu der Explosion kam es 1986 beim 25. Flug der *Challenger*-Fähre (und beim zehnten Flug der Startrakete). Eine Chance von 1 zu 25 wäre, rückblickend betrachtet, eine bessere Schätzung gewesen. Ebenso vorsichtig sollte man mit den Zahlen umgehen, die für verschiedene Arten von Pannen in Atomkraftwerken angegeben werden, denn sie werden auf ähnliche Weise berechnet.

Um ein winziges Risiko für die gesamte Erde zu berechnen, multiplizieren wir eine sehr geringe Wahrscheinlichkeit mit einer gewaltigen Zahl, analog den extremsten Einschlagereignissen auf der Turin-Skala. Null mal unendlich sei nicht definiert, lernen Studenten der Mathematik. Die Wahrscheinlichkeit ist nie gänzlich gleich null, weil unser fundamentales Wissen von den Grundlagen der Physik unvollständig ist; aber selbst wenn sie wirklich sehr klein wäre, würde bei der Multiplikation mit einer gewaltigen Zahl ein Produkt herauskommen, das immer noch groß genug wäre, um uns Sorgen zu bereiten.

Können Wissenschaftler, wenn – nicht nur bei Beschleuniger-Experimenten, sondern auch in der Genetik, der Robotik und der Nanotechnologie – eine potenziell verheerende Kehrseite denkbar ist, die ultrazuverlässige Versicherung abgeben, welche die Öffentlichkeit von ihnen verlangen darf? Wie sollten die Richtlinien für solche Experimente aussehen, und wer sollte sie formulieren? Und selbst wenn man sich auf Richtlinien einigt – wie können sie vor allem durchgesetzt werden? Ich glaube, dass solche Risiken in dem Maße, wie die Wirkung der Wissenschaft zunimmt, vielfältiger und verbreiteter werden. Selbst wenn jedes einzelne Risiko gering ist, könnten die Risiken zusammengenommen eine erhebliche Gefahr darstellen.

10. Die Philosophen des Weltuntergangs

Lässt sich allein mit logischem Denken herausfinden, ob die Jahre der Menschheit gezählt sind?

Philosophen tragen bisweilen geniale Argumente vor, die manchen hieb- und stichfest erscheinen mögen, anderen dagegen als bloßes Wortspiel oder als ein intellektueller Taschenspielertrick, wobei es freilich nicht einfach ist, den Schwachpunkt aufzuzeigen. Es gibt ein modernes philosophisches Argument des Inhalts, die Zukunft der Menschheit sei düster, das scheinbar unter diese dubiose Kategorie fällt, das aber (mit Einschränkungen) etlichen strengen Prüfungen widerstanden hat. Das Argument wurde erdacht von meinem Freund und Kollegen Brandon Carter, einem Pionier der Anwendung des so genannten anthropischen Prinzips in der Wissenschaft – der Idee, dass die Gesetze, die das Universum regieren, ganz darauf zugeschnitten gewesen sein müssen, der Entstehung von Leben und Komplexität zu dienen. Er trug dieses Argument zur Verwirrung seiner akademischen Zuhörer erstmals auf einer Konferenz vor, die im Jahr 1983 von der Royal Society in London veranstaltet wurde.[1] Die Idee war eigentlich nur ein nachträglicher Einfall in einem Vortrag, in dem es darum ging, wie wahrscheinlich die Evolution von Leben auf den Planeten anderer Sterne ist. Carter kam zu dem Schluss, dass intelligentes Leben außerhalb der Erde selten und, wenngleich die Sonne noch Milliarden Jahre weiterscheinen werde, die langfristige Zukunft des Lebens düster sei.

Dieses »Weltuntergangsargument« beruht auf so etwas wie einem »kopernikanischen Prinzip«, einem »Prinzip der Mittelmäßigkeit«, angewandt auf unsere Stellung in der Zeit.[2] Seit Kopernikus haben wir uns selbst eine zentrale Stellung im Universum abgesprochen. Ebenso wenig sollten wir Carter zufolge annehmen, dass wir innerhalb der Geschichte der Menschheit in einer besonderen Zeit leben, dass wir zu den Allerersten oder den Allerletzten unserer Art gehören. Betrachten wir unsere Stellung beim »Namensaufruf« von *Homo sapiens*. Wir kennen sie nur ungefähr: Den meisten Schätzungen zufolge beträgt die Zahl der Menschen, die vor uns gelebt haben, sechzig Milliarden, und so liegt unsere Zahl beim Namensaufruf in diesem Bereich. Daraus folgt, dass zehn Prozent aller Menschen, die jemals diese Erde bevölkert haben, heute leben. Das scheint auf den ersten Blick ein bemerkenswert hoher Anteil zu sein, wenn man bedenkt, dass es die Menschheit seit Tausenden von Generationen gibt. Doch während des längsten Teils der menschlichen Geschichte – in der ganzen Zeit vor Beginn des Ackerbaus, vor dem Jahr 8000 v. Chr. (geschätzt) – waren es vermutlich weniger als zehn Millionen, die jeweils die Welt bewohnten. Zur Römerzeit betrug die Weltbevölkerung rund 300 Millionen, und erst im 19. Jahrhundert wuchs sie auf über eine Milliarde an. Die Toten sind den Lebenden zahlenmäßig überlegen, aber nur um den Faktor zehn.

Betrachten wir jetzt zwei verschiedene Szenarien für die Zukunft der Menschheit: ein »pessimistisches« Szenario, in dem unsere Art in ein bis zwei Jahrhunderten ausstirbt (oder, sofern sie diese Zeit überlebt, in stark verringerter Anzahl weiterexistiert), und ein »optimistisches« Szenario, in dem die Menschheit viele Jahrtausende mit mindestens der gegenwärtigen Bevölkerungszahl übersteht (oder sich gar mit einer ständig wachsenden Bevölkerungszahl weit über die Erde hinaus ausbreitet), sodass es Billionen von Menschen bestimmt sein wird, künftig geboren zu werden. Brandon Carter sagt, dass das »Prinzip der Mittelmäßigkeit« uns veranlassen sollte, auf das »pessimistische« Szenario zu setzen.

Unsere Stellung beim Namensaufruf (irgendwo in der Mitte) ist dann gänzlich unauffällig und typisch, während die Menschen, die im 21. Jahrhundert leben, im »optimistischen« Szenario, das bis in die fernste Zukunft eine hohe Bevölkerungszahl annimmt, sich beim Namensaufruf der Menschheit früh »melden« müssten.

Der Kern des Arguments wird durch eine einfache Analogie deutlich. Angenommen, man zeigt Ihnen zwei identische Behälter, von denen der eine zehn Lose enthalten soll, die von 1 bis 10 nummeriert sind, und der andere 1000 Lose mit den Nummern 1 bis 1000. Angenommen, Sie entscheiden sich für einen der Behälter, ziehen ein Los heraus und stellen fest, dass Sie die Nummer 6 gezogen haben. Sie werden dann gewiss vermuten, dass Sie sehr wahrscheinlich in den Behälter gegriffen haben, der nur zehn Lose enthält; es wäre ganz erstaunlich, aus dem Behälter mit den 1000 Losen eine so niedrige Losnummer wie die 6 zu ziehen. Wenn es zuvor gleich wahrscheinlich war, dass Sie den einen oder den anderen Behälter wählen, zeigt eine einfache Wahrscheinlichkeitsüberlegung, dass, nachdem Sie die Nummer 6 gezogen haben, die Wahrscheinlichkeit dafür, dass Sie in den Behälter mit nur zehn Losen gelangt haben, jetzt 100 zu 1 beträgt.

Carter argumentiert nun genau wie im Fall der zwei Behälter, dass unsere bekannte Stellung im Namensaufruf der Menschen (vor uns haben rund 60 Milliarden Menschen gelebt) für die Hypothese spricht, dass es nur 100 Milliarden Menschen geben wird, und gegen die alternative Annahme, dass es über 100 Billionen sein werden. Das Argument legt also nahe, dass die Weltbevölkerung in ihrer gegenwärtigen Stärke nicht noch viele Generationen überdauern kann; entweder muss sie allmählich zurückgehen – dann kann sie mit einer weit geringeren Zahl als gegenwärtig weiterbestehen –, oder innerhalb weniger Generationen wird eine Katastrophe über unsere Art kommen.

Ein noch einfacheres Argument[3] benutzte Richard Gott, ein Professor an der Universität Princeton, der sich seit drei Jahrzehnten mit verrückten, aber originellen Ideen, in denen es um Reisen mit Überlichtgeschwindigkeit, Zeitmaschinen und dergleichen geht, zu Wort meldet. Begegnen wir einem Objekt oder Phänomen, so ist es unwahrscheinlich, dass dieses sich ganz nah am Anfang oder am Ende seiner Existenz befindet. Es spricht deshalb einiges dafür, dass etwas, das bereits seit langem besteht, auch künftig noch lange existieren wird, und etwas, das jungen Datums ist, keine so große Lebenserwartung hat. Gott erwähnt beispielsweise, dass er 1970 die Berliner Mauer (damals neun Jahre alt) und die Pyramiden (über 4000 Jahre alt) besuchte; sein Argument hätte (zutreffend) vorhergesagt, dass die Pyramiden sehr wahrscheinlich im 21. Jahrhundert noch stehen würden; hingegen wäre es keine Überraschung, wenn die Berliner Mauer nicht mehr stehe (und sie ist natürlich verschwunden).

Gott wies sogar nach, dass sein Argument auch auf Broadway-Aufführungen zutrifft. Er listete alle Stücke und Musicals auf, die an einem bestimmten Tag (27. Mai 1993) auf dem Broadway gegeben wurden, und ermittelte, wie lange sie schon auf dem Programm standen. Anhand dieser Grundlage prognostizierte er, dass diejenigen, die am längsten gelaufen waren, sich auch am längsten halten würden. »Cats« stand bereits seit 10,6 Jahren auf dem Spielplan, und es sollte dort noch mehr als sieben Jahre bleiben. Die Mehrheit der übrigen Stücke, die seit weniger als einem Monat auf dem Programm waren, verschwanden innerhalb weniger Wochen wieder.

Natürlich wären die meisten von uns zu den Vorhersagen, die Gott traf, auch ohne seine Argumentation in der Lage gewesen, aufgrund unserer Vertrautheit mit elementaren historischen Tatsachen sowie der allgemeinen Robustheit und Langlebigkeit von Artefakten unterschiedlicher Art. Zudem wissen wir über die geschmacklichen Vorlieben der Amerikaner und über die Ökonomie des Theaters Bescheid. Je mehr Hintergrundwissen wir haben, desto sicherer können unsere Vorhersagen sein. Aber auch ein gerade gelandeter Außerirdischer ohne solche Hintergrundinformationen, der außer der Existenzdauer dieser verschiedenen Phänomene nichts gewusst hätte, wäre anhand Gotts Argument zu einigen groben, aber zutreffenden Prognosen fähig gewesen. Und natürlich gehört die weitere Existenz des Menschengeschlechts zu den Dingen, von denen wir ebenso keine Ahnung haben wie ein

Marsbewohner von der Soziologie von Broadway-Shows. Gott sagt daher im Anschluss an Carter, dass diese Art von Überlegung uns etwas – und das ist alles andere als erfreulich – über die wahrscheinliche Langlebigkeit unserer Art verraten kann.

Selbstverständlich lässt sich die Zukunft der Menschheit nicht auf ein einfaches mathematisches Modell reduzieren. Unser Schicksal hängt von vielfältigen Faktoren ab, vor allem – ein zentrales Thema dieses Buches – von Entscheidungen, die wir selbst im Laufe dieses Jahrhunderts treffen. Nach Ansicht des kanadischen Philosophen John Leslie ist das Weltuntergangsargument dennoch überzeugend[4]: Es sollte einen hinsichtlich der langfristigen Zukunft der Menschheit weniger optimistisch stimmen, als man es sonst wäre. Sollten Sie also zunächst der Meinung gewesen sein, dass eine überwältigende Wahrscheinlichkeit dafür spricht, dass die Menschheit jahrtausendelang in hoher Anzahl weiterbestehen wird, so wird das Weltuntergangsargument Ihre Zuversicht dämpfen, selbst wenn Sie schließlich an diesem Szenario festhalten würden. Dies lässt sich durch eine Verallgemeinerung des Behälterbeispiels verständlich machen. Angenommen, statt nur zwei Behältern gäbe es Millionen von Behältern, die alle 1000 Lose enthalten, mit Ausnahme eines einzigen, in dem sich nur zehn Lose befinden. Würden Sie sich zufällig für einen Behälter entscheiden, so wären Sie überrascht, eine 6 zu ziehen. Dass Sie eine ungewöhnlich niedrige Nummer erwischt hätten, wäre aber weniger überraschend als dass Sie den einzigen Behälter ausgewählt hätten, der nur zehn Lose enthält. Ebenso könnte, wenn die A-priori-Wahrscheinlichkeit stark für eine lange Zukunft der Menschheit spricht, der »baldige Untergang« weniger wahrscheinlich sein, als dass beim Namensaufruf der Menschheit die Reihe sehr früh an uns wäre.

Leslie kann auf diese Weise ein anderes Rätsel lösen, das auf den ersten Blick die ganze Argumentation zu diskreditieren scheint. Angenommen, wir stünden vor einer schicksalhaften Entscheidung, von der es abhängt, ob die Menschheit bald ausgelöscht wird oder nahezu unbegrenzt weiterlebt. Dies könnte beispielsweise die Entscheidung sein, ob wir die erste Siedlung außerhalb der Erde unterstützen, die, einmal gegründet, so viele weitere Siedlungen hervorbringen würde, dass das Überleben gesichert wäre. Würde eine solche Siedlung tatsächlich gegründet und anschließend gedeihen, so fänden wir heutigen Menschen uns beim Namensaufruf an einer ganz frühen Stelle. Zwingt uns das Weltuntergangsargument in irgendeiner Weise zu der Entscheidung, die zu einem Abbruch der menschlichen Zukunft führt? Leslie sagt, dass wir zwar frei entscheiden können, dass aber die Entscheidung, die wir treffen, Einfluss auf die Wahrscheinlichkeit der beiden Zukunftsszenarien hat.

Zweifelhaft ist außerdem, wer oder was gezählt werden sollte: Wie definieren wir die Menschheit? Würde in einer globalen Katastrophe die gesamte Biosphäre ausgelöscht werden, so bestünde kein Zweifel, wann der Namensaufruf endet. Würde es aber, wenn unsere Art sich in etwas anderes verwandeln sollte, das Ende der Menschheit bedeuten? Wenn ja, würde das Carter-Gott-Argument uns vielleicht etwas anderes sagen: Es könnte für Kurzweil, Moravec und andere sprechen, die eine »Machtübernahme« durch die Maschinen in diesem entscheidenden Jahrhundert vorhersagen.

Oder nehmen wir an, dass es andere Wesen auf anderen Welten gibt. Dann sollten vielleicht alle intelligenten Wesen und nicht nur die Menschen zur »Bezugsgruppe« gezählt werden. Der Namensaufruf kann dann nicht mehr eindeutig geordnet werden, und das Argument fällt in sich zusammen. (Mit einer ähnlichen Überlegung haben Gott und Leslie sich dagegen gewandt, dass andere Welten mit sehr viel höheren Bevölkerungszahlen als der unseren existieren. Gäbe es solche Welten, so wäre es ihrer Meinung nach überraschend, wenn wir nicht eine davon bevölkerten.) Als ich Carters Weltuntergangsargument zum ersten Mal hörte, erinnerte es mich an die starken Worte, die George Orwell in einem anderen Zusammenhang geäußert hat: »Um das zu glauben, muss man ein echter Intellektueller sein – kein normaler Mensch könnte so dumm sein.« Doch einen eindeutigen Fehler genau zu lokalisieren ist keine leichte Sache. Man sollte es aber dennoch tun, denn keiner von uns freut sich über ein neues Argument, demzufolge die Tage der Menschheit gezählt sein könnten.

11. Ende der Wissenschaft?

Künftige Einsteins mögen über die heutigen Theorien von Raum, Zeit und Mikrowelt hinausgehen. Doch die ganzheitlichen Wissenschaften vom Leben und der Komplexität werfen Rätsel auf, die vielleicht kein Mensch je vollständig begreifen wird.

Wird die Wissenschaft weiterhin vorwärtsdrängen, wird sie neue Erkenntnisse und möglicherweise auch weitere Bedrohungen mit sich bringen? Oder wird ihr nun nach den bereits erreichten Triumphen die Puste ausgehen?

Der Journalist John Horgan behauptet Letzteres – dass wir bereits alle wirklich großen Ideen entwickelt haben.[1] Uns bleibe nur noch, die Details auszufüllen oder einer, wie er sagt, »ironischen Wissenschaft« zu frönen – flockigen, undisziplinierten Vermutungen über Themen, derer sich die seriöse empirische Forschung niemals annehmen wird. Ich halte diese These für grundfalsch und glaube, dass man noch auf Ideen stoßen wird, die ebenso revolutionär sind wie alle wissenschaftlichen Fortschritte des 20. Jahrhunderts. Ich teile da eher die Ansicht von Isaac Asimov.[2] Er verglich die Grenze der Wissenschaft mit einem Fraktal, einem Gebilde mit einer vielschichtigen Struktur, dergestalt, dass ein winziger Ausschnitt, wenn man ihn vergrößert, ein Abbild des Ganzen ist: »Wir können noch so viel lernen – das, was übrig bleibt, ist, so klein es auch erscheinen mag, ebenso unendlich komplex, wie das Ganze zunächst war.«

Die Fortschritte, die das 20. Jahrhundert im Verständnis der Atome, des Lebens und des Kosmos erreicht hat, gelten als die größte kollektive geistige Leistung der Menschheit. (Die Einschränkung »kollektiv« ist entscheidend. Die moderne Wissenschaft ist ein kumulatives Unternehmen; Entdeckungen werden gemacht, wenn die Zeit reif ist, wenn die bahnbrechenden Ideen »in der Luft liegen« oder wenn ein neues Verfahren genutzt wird. Wissenschaftler sind nicht ganz so austauschbar wie Glühbirnen, aber es gibt gleichwohl nur wenige Fälle, in denen es für die langfristige Entwicklung eines Faches auf einen Einzelnen angekommen wäre: Wenn »A« sich nicht mit dieser Forschung oder jener Entdeckung befasst hätte, wäre über kurz oder lang »B« auf etwas Ähnliches gestoßen. Das ist der normale Gang der Wissenschaft. Das Werk eines Wissenschaftlers verliert seine Individualität, aber es bleibt. Einstein besetzt im Pantheon der Wissenschaft einen Ehrenplatz, weil er eine der wenigen Ausnahmen war: Hätte es ihn nicht gegeben, so wären seine tiefsten Einsichten sehr viel später zustande gekommen – vielleicht auf einem anderen Weg und durch die Bemühungen mehrerer statt nur eines Einzelnen. Doch irgendwann wäre man zu diesen Erkenntnissen gelangt – nicht einmal Einstein hat einen unverkennbaren persönlichen Eindruck hinterlassen, der es mit dem der bedeutendsten Schriftsteller oder Komponisten aufnehmen kann.)

Seit dem griechischen Altertum, als man in Erde, Luft, Feuer und Wasser die Grundelemente der Welt sah, haben Wissenschaftler sich um ein »einheitliches« Bild aller grundlegenden Naturkräfte bemüht, haben sie das Rätsel des Raums an sich zu verstehen gesucht. Von den Kosmologen wird bisweilen gesagt, sie befänden sich »oft im Irrtum, aber nie im Zweifel«. Tatsächlich haben sie häufig kaum begründete Spekulationen mit irrationalem Eifer begrüßt und sich von Wunschdenken dazu hinreißen lassen, in vage Tatsachen allzu viel hineinzudeuten. Aber auch die Vorsichtigeren unter uns sind überzeugt, dass wir inzwischen unseren gesamten Kosmos zumindest in Umrissen begriffen und gelernt haben, woraus er besteht. Wir können die Entwicklung bis zu einem Zeitpunkt zurückverfolgen, als unser Sonnensystem noch nicht existierte, ja, als es noch nicht einmal Sterne gab und alles aus einem ungeheuer heißen »Schöpfungsereignis«, dem so genannten Urknall, vor rund vierzehn Milliarden Jahren hervorging. Die erste Mikrosekunde ist in ein Geheimnis gehüllt, aber alles, was danach geschah – die Bildung unseres komplexen Kosmos aus einfachen Anfängen –, ist das Resultat von Gesetzen, die wir verstehen können, wenngleich uns die Einzelheiten noch verschlossen bleiben. So wie die Geophysiker schließlich die Prozesse nachvollziehen konnten, durch welche die Ozeane geschaffen und die Kontinente geformt wurden, so können die Astrophysiker unsere Sonne, ihre Planeten und sogar die anderen Planeten verstehen, die um ferne Sterne kreisen mögen.

In früheren Jahrhunderten haben Seefahrer die Umrisse der Kontinente kartiert und die Erde vermessen. Innerhalb der letzten paar Jahre hat auch unsere Karte des Kosmos in Zeit und Raum feste Konturen angenommen. Die Aufgabe des 21. Jahrhunderts wird es sein, unser gegenwärtiges Bild zu verfeinern und mit immer mehr Details auszufüllen, so wie es Generationen von Landvermessern in Bezug auf die Erde getan haben, und vor allem die geheimnisvollen Bereiche zu erforschen, die frühere Kartografen als »Wohnort von Drachen« bezeichneten.

Wechselnde Paradigmen

Es war Thomas Kuhn, der den Ausdruck »Paradigma« in seinem Klassiker »*Die Struktur wissenschaftlicher Revolutionen*« popularisiert hat. Ein Paradigma ist mehr als nur eine neue Idee (wäre sie das, so könnten die meisten Wissenschaftler von sich behaupten, einige verändert zu haben): Als Paradigmenwechsel bezeichnet man eine geistige Umwälzung, die neue Einsichten enthüllt und unsere wissenschaftliche Perspektive verändert. Der größte Paradigmenwechsel des 20. Jahrhunderts war die Quantentheorie.[3] Diese Theorie sagt uns – entgegen aller Intuition –, dass die Natur im atomaren Maßstab an sich »verschmiert« ist. Dennoch verhalten Atome sich auf exakte mathematische Weise, wenn sie Licht emittieren und absorbieren oder wenn sie sich zu Molekülen vereinigen. Vor hundert Jahren war selbst die Existenz von Atomen noch umstritten, doch heute wird deren Verhalten von der Quantentheorie in nahezu allen Einzelheiten erklärt. Wie Stephen Hawking sagt: »Wie weit wir es in der theoretischen Physik gebracht haben, zeigt sich daran, dass man heute riesige Maschinen und eine Menge Geld braucht, um ein Experiment [an subatomaren Teilchen] durchzuführen, dessen Ergebnis wir nicht vorhersagen können.«[4]

Wann immer Sie ein Digitalfoto machen, im Internet surfen oder ein technisches Gerät nutzen, bei dem ein Laser im Spiel ist – sei es ein CD-Player oder ein Strichcode-Leser im Supermarkt –, wird die Quantentheorie bestätigt. Einige ihrer erstaunlichen Implikationen gehen uns erst jetzt auf. Sie könnte uns im 21. Jahrhundert erlauben, Computer ganz neuer Art zu bauen, welche die Beschränkungen aller anderen hinter sich lassen, und sie könnte uns andere Universen außerhalb unseres eigenen Universums verständlich machen.

Ein weiteres neues Paradigma des 20. Jahrhunderts, ein weiterer erstaunlicher geistiger Sprung, ist überwiegend das Werk eines einzigen Mannes: Albert Einstein. Er vertiefte unser Verständnis von Raum, Zeit und Gravitation, indem er uns eine Theorie gab, die allgemeine Relativitätstheorie, die das Verhalten nicht nur der Planeten und Sterne, sondern auch des sich ausdehnenden Universums bestimmt. Bestätigung erhält diese Theorie jetzt durch sehr genaue Radarmessungen von Planeten und Raumsonden sowie durch astronomische Untersuchungen von Neutronensternen und Schwarzen Löchern – Objekten, bei denen die Gravitation so stark ist, dass Raum und Zeit grob verzerrt werden.[5] Mochte man Einsteins Theorie zunächst als etwas Geheimnisvolles betrachtet haben, so wird sie nun praktisch bestätigt, wann immer ein Lastwagen oder ein Flugzeug seine Position mithilfe des globalen Satelliten-Navigationssystems (GPS) bestimmt.

Verknüpfung des sehr Großen mit dem sehr Kleinen

Einsteins Theorie ist jedoch insofern unvollständig, als sie Raum und Zeit als ein fließendes Kontinuum behandelt. Wenn wir ein Stück Metall (oder jedes beliebige Material) in immer kleinere Stücke zerhacken, stoßen wir auf dem Quantenniveau der einzelnen Atome schließlich an eine Grenze. Im allerkleinsten Maßstab rechnen wir damit, dass sogar der Raum selbst körnig ist. Vielleicht besteht nicht nur der Raum, sondern auch die Zeit aus endlichen Quanten, anstatt kontinuierlich zu »fließen«. Möglicherweise gibt es eine fundamentale Grenze dafür, wie genau eine Uhr die Zeit unterteilen kann.[6] Doch weder Einsteins Theorie noch die Quantentheorie können uns in ihrer gegenwärtigen Form etwas über die Mikrostruktur von Raum und Zeit sagen. Dieses große unerledigte Geschäft hat die Wissenschaft des 20. Jahrhunderts der Forschung des 21. Jahrhunderts als Aufgabe hinterlassen.[7]

Wenn eine Theorie versagt oder auf einen Widerspruch stößt, kommt die Auflösung von einem neuen Paradigma, welches alles Vorhergegangene hinter sich lässt – das zeigt ein Blick in die Geschichte der Wissenschaft. Einsteins Theorie und die Quantentheorie lassen sich nicht miteinander verzahnen: Beide sind innerhalb gewisser Grenzen großartig, aber auf dem tiefsten Niveau widersprechen sie einander. Solange es keine Synthese gibt, werden wir nicht die große Frage bewältigen können, was unmittelbar nach dem Anfang geschah, und erst recht werden wir keinen Sinn mit der Frage verknüpfen können: »Was geschah vor dem Urknall?« Weil im »Moment« des Urknalls alles auf einen Raum zusammengepresst war, der kleiner war als ein Atom, konnten Quantenfluktuationen das ganze Universum erschüttern.

Nach der Superstringtheorie, die innerhalb der Bemühungen um eine einheitliche Theorie derzeit den größten Zuspruch findet, sind die Teilchen, aus denen die Atome bestehen, direkt aus dem Raum gewebt.[8] Die fundamentalen Entitäten sind nicht Punkte, sondern winzige Schleifen oder Saiten (»Strings«), deren verschiedene Schwingungsformen von den einzelnen subnuklearen Teilchen gebildet werden. Außerdem schwingen diese Saiten nicht nur in unserem gewöhnlichen Raum (mit drei Raumdimensionen und der Zeit), sondern auch in einem Raum von zehn oder elf Dimensionen.

Jenseits unseres Raums und unserer Zeit

Uns selbst erscheinen wir als dreidimensionale Wesen: Wir können nach links oder rechts, vor- oder rückwärts, auf- oder abwärts gehen – doch damit hat es sich auch schon. Weshalb sind uns die zusätzlichen Dimensionen, wenn es sie denn gibt, verborgen? Es könnte sein, dass sie alle dicht gepackt sind. Aus der Ferne betrachtet, kann ein langer Schlauch wie eine Gerade (mit nur einer Dimension) erscheinen, aber aus der Nähe erkennen wir, dass er ein eng zusammengerollter, langer Zylinder (eine zweidimensionale Fläche) ist; schauen wir noch genauer hin, so sehen wir, dass dieser Zylinder aus einem Material besteht, das nicht unendlich dünn ist, sondern sich in eine dritte Dimension erstreckt. Analog könnte jeder scheinbare Punkt in unserem dreidimensionalen Raum bei starker Vergrößerung eine komplexe Struktur haben: ein eng gefaltetes Origami in mehreren zusätzlichen Dimensionen.

Es ist vorstellbar, dass einige der zusätzlichen Dimensionen bei Laborexperimenten im mikroskopischen Maßstab sichtbar werden (aber selbst dafür sind sie vermutlich zu dicht gepackt). Noch interessanter ist, dass eine der zusätzlichen Dimensionen möglicherweise gar nicht gepackt ist: Es könnte, eingebettet in ein höherdimensionales All, andere dreidimensionale Universen »neben« dem unseren geben. Käfer, die auf einem großen Blatt Papier (ihrem zweidimensionalen »Universum«) umherkrabbeln, brauchen nichts zu wissen von einem ähnlichen Blatt, das parallel zu ihm und nicht in Kontakt mit ihm ist. Ebenso könnte es ein ganzes weiteres Universum geben (dreidimensional wie das unsere), das weniger als einen Millimeter von uns entfernt ist, von dem wir aber nichts ahnen, weil dieser Millimeter in einer vierten Raumdimension gemessen wird und wir in nur drei Dimensionen eingesperrt sind.

Es könnte viele Urknalle gegeben haben, sogar unendlich viele, und nicht nur den einen, der zu »unserem« Universum führte. Auch unser »Universum«, die Folge unseres Urknalls, könnte sich sehr viel weiter erstrecken als die zehn Milliarden Lichtjahre, in die unsere Teleskope vorzudringen vermögen; es könnte einen noch weiteren Bereich umfassen, der von so großen Ausmaßen ist, dass Licht von ihm bisher noch nicht zu uns gelangen konnte. Jedesmal, wenn sich ein Schwarzes Loch bildet, könnten Prozesse tief in seinem Inneren die Bildung eines weiteren Universums auslösen, das sich in einen Raum hinein ausdehnen würde, der nicht mit dem unseren verbunden ist. Gliche dieses neue Universum dem unseren, so würden sich in ihm Sterne, Galaxien und Schwarze Löcher bilden, Letztere ihrerseits eine weitere Generation von Universen zeugen, und so könnte es weitergehen, möglicherweise *ad infinitum*. Vielleicht ließen sich in einem futuristischen Labor Universen erschaffen, indem man aus einem Stück Materie durch Implosion ein Schwarzes Loch produziert oder indem man Atome, die in einem Teilchenbeschleuniger auf sehr hohe Energien gebracht wurden, aufeinander prallen lässt.[9] In diesem Fall könnten die teleologischen Gottesbeweise der Theologen in neuer Gestalt wieder auferstehen und die Grenze zwischen dem Natürlichen und dem Übernatürlichen verwischen.

Seit Kopernikus die Erde ihrer zentralen Stellung im Universum beraubte, haben wir gelernt, dass unser Sonnensystem nur eines von Milliarden Systemen innerhalb der Reichweite unserer Teleskope ist. Nicht minder dramatisch erweitern sich unsere kosmischen Horizonte zurzeit abermals: Was wir unser Universum zu nennen pflegten, könnte lediglich eine »Insel« in einem unendlichen Inselreich sein.

Man muss, um wissenschaftliche Vorhersagen machen zu können, überzeugt sein, dass die Natur nicht launisch ist, und man muss regelmäßige Muster entdeckt haben. Es ist jedoch nicht erforderlich, dass man diese Muster vollkommen verstanden hat. So konnten die Babylonier vor ungefähr drei Jahrtausenden vorhersagen, wann Mondfinsternisse zu erwarten waren, weil sie schon seit Jahrhunderten Daten gesammelt und im Auftreten von Finsternissen wiederkehrende Muster entdeckt hatten (vor allem indem sie einem achtzehnjährigen Zyklus folgen). Doch die Babylonier wussten nicht, auf welchen Bahnen die Sonne und der Mond sich tatsächlich bewegen. Erst im 17. Jahrhundert, der Ära von Isaac Newton und Edmund Halley, wurde der achtzehnjährige Zyklus einer Schwankung in der Umlaufbahn des Mondes zugeschrieben.

Die Quantenmechanik funktioniert tadellos, und die meisten Wissenschaftler wenden sie fast automatisch an. Wie mein Kollege John Polkinghorne bemerkte, ist »der durchschnittliche Quantenmechaniker nicht philosophischer als der durchschnittliche Automechaniker«. Doch viele nachdenkliche Wissenschaftler, angefangen mit Einstein, fanden die Theorie »gespenstisch« und bezweifeln, dass wir schon die optimale Perspektive auf sie erreicht haben. Es könnte sein, dass die heutigen Interpretationen der Quantentheorie ebenso »primitiv« sind wie die Kenntnisse der Babylonier von den Finsternissen: brauchbare Vorhersagen, aber kein tiefes Verständnis.

Einige der rätselhaftesten Paradoxien der Quantenwelt könnten mithilfe einer Idee aufgeklärt werden, die wir aus der Science-Fiction kennen: »parallele Welten«. Olaf Stapledons klassischer Roman »*Star Maker*« [deutsch 1969 unter dem Titel »*Der Sternenmacher*« und 1982 als »*Der Sternenschöpfer*«] lieferte das Vorbild für dieses Konzept. Der Sternenmacher ist ein Erzeuger von Universen, und in einer seiner höher entwickelten Schöpfungen »ergriff ein Geschöpf, wenn es vor mehreren Handlungsmöglichkeiten stand, alle zugleich und erschuf dadurch ... viele verschiedene Geschichten des Kosmos. Da es in jedem Evolutionsverlauf des Kosmos viele Geschöpfe gab und jedes ständig vor vielen Handlungsmöglichkeiten stand und da zudem die Kombinationen all ihrer Handlungen zahllos waren, entwickelte sich aus jedem Moment eine unendliche Zahl verschiedener Welten.«

Das Konzept paralleler Welten könnte auf den ersten Blick allzu rätselhaft erscheinen, um von praktischer Bedeutung zu sein. Tatsächlich könnte es aber die Aussicht auf eine ganz neue Art von Computern bieten, den Quantencomputer, der die Beschränkungen selbst der schnellsten Digitalrechner dadurch zu überwinden vermag, dass er die Rechenlast praktisch auf nahezu unendlich viele parallele Welten verteilt.

Im 20. Jahrhundert haben wir gelernt, dass die gesamte Welt der Materie atomarer Natur ist. Nun, in diesem Jahrhundert, wird es unsere Aufgabe sein, den Schauplatz selbst zu verstehen und die tiefste Natur von Raum und Zeit zu erkunden. Neue Erkenntnisse sollten klären, wie unser Universum begann und ob es eines von vielen ist. Mehr auf praktische irdische Bedürfnisse bezogen, werden sie uns vielleicht neue Energiequellen erschließen, die im leeren Raum schlummern.

Ein Fisch wird sich kaum des Mediums bewusst sein, in dem er lebt und schwimmt; jedenfalls hat er nicht die geistigen Fähigkeiten, um zu begreifen, dass Wasser aus miteinander verbundenen Atomen von Wasserstoff und Sauerstoff besteht, die sich wiederum aus noch kleineren Teilchen zusammensetzen. So könnte auch die Mikrostruktur des leeren Raums viel zu komplex sein, als dass das menschliche Gehirn es ohne Unterstützung zu begreifen vermöchte. Ideen über zusätzliche Dimensionen, die Stringtheorie und dergleichen werden in diesem Jahrhundert ein lebhaftes wissenschaftliches Interesse finden. Wir sind bestrebt, unsere kosmische Lebenswelt zu verstehen – und wenn wir uns nicht anstrengen, werden wir es auf keinen Fall schaffen –, aber es könnte sein, dass wir kaum mehr Aussichten haben als ein Fisch.[10]

Die Grenzen der Zeit

Die Zeit ist, wie Wells und sein Zeitreisender wussten, eine vierte Dimension. Zeitreisen in die ferne Zukunft verstoßen nicht gegen ein fundamentales Naturgesetz. Ein Raumschiff, das mit 99,9 Prozent der Lichtgeschwindigkeit reisen könnte, würde seine Besatzung »per Express« in die Zukunft befördern. Ein Astronaut, dem es gelänge, die engste mögliche Bahn um ein rasch rotierendes

Schwarzes Loch anzusteuern, ohne hineinzustürzen, könnte in einer subjektiv kurzen Zeit eine ungeheuer lange künftige Zeitspanne im äußeren Universum überblicken. Solche Unternehmungen mögen undurchführbar sein, sie sind jedoch physikalisch nicht unmöglich.

Doch wie steht es mit Reisen in die Vergangenheit? Der große Logiker Kurt Gödel ersann vor über fünfzig Jahren ein bizarres hypothetisches, mit Einsteins Theorie im Einklang stehendes Universum, das »Zeitschleifen« zuließ, in denen Ereignisse in der Zukunft Ereignisse in der Vergangenheit »verursachen«, die dann ihrerseits ihre eigenen Ursachen »verursachen«, was eine Menge verrückter Dinge in die Welt bringt, aber keine Widersprüche. (Der Film *Terminator*, in dem ein Sohn seinen Vater in die Vergangenheit schickt, um seine Mutter zu retten [und zu schwängern], vereint auf wunderbare Weise die Einsichten des großartigsten austroamerikanischen Geistes, nämlich Gödel, mit den Talenten des großartigsten austroamerikanischen Körpers, Arnold Schwarzenegger.) Einige Theoretiker haben später anhand Einsteins Theorien »Zeitmaschinen« entworfen, mit denen sich Zeitschleifen schaffen ließen. Aber das sind keine Maschinen, die in den Keller eines viktorianischen Hauses passen würden. Manche müssen von praktisch unendlicher Länge sein, andere benötigen riesige Mengen Energie. Bei der Rückkehr in die Vergangenheit riskiert man, diese in einer Weise zu verändern, dass der geschichtliche Ablauf in Widersprüche gerät. Die Forderung, dass Zeitreisen nicht die Vergangenheit verändern dürfen, ist jedoch nicht gleichbedeutend damit, dass Zeitreisen selbst theoretisch unmöglich sind. Dies würde die Willensfreiheit des Zeitreisenden einschränken, aber das ist nichts Neues. Wir werden ohnehin schon von der Physik eingeengt, die es uns nicht erlaubt, in Ausübung unserer Willensfreiheit an der Decke zu laufen. Eine andere Option besteht darin, dass Zeitreisende in ein anderes Universum wechseln, wo die Ereignisse anders ablaufen, statt sich zu wiederholen, wie in dem Film *Groundhog Day*.

Wir haben einfach noch keine einheitliche Theorie, und parallele Welten, Zeitschleifen und zusätzliche Dimensionen sind auf jeden Fall »große Ideen« für die Wissenschaft des 21. Jahrhunderts. Dies anerkennend, kann Horgan seine pessimistische These vom »Ende der Wissenschaft« nur aufrechterhalten, indem er solche Theorien als »ironische Wissenschaft« verächtlich macht. Ihr gegenwärtiger Status ist damit vermutlich angemessen beschrieben, denn sie bestehen ja nur aus einer Reihe von mathematischen Ideen, verziert mit scheinbarer Science-Fiction und losgelöst von Experiment oder Beobachtung. Es ist aber zu hoffen, dass solche Theorien, soweit wir sie intellektuell zu erfassen vermögen, tatsächlich manches in unserer physikalischen Welt erklären werden, das uns gegenwärtig noch rätselhaft ist: warum es Protonen, Elektronen und andere subatomare Teilchen überhaupt gibt und warum die physikalische Welt von bestimmten Kräften und Gesetzen geprägt ist. Eine einheitliche Theorie könnte unvermutete Dinge aufdecken, entweder im Allerkleinsten oder mit der Erklärung bisher rätselhafter Aspekte unseres sich ausdehnenden Universums. Vielleicht kann eine neue Form von Energie, die latent im Raum steckt, nutzbringend gewonnen werden; ein Verständnis der zusätzlichen Dimensionen könnte dem Konzept der Zeitreise Substanz verleihen. Eine solche Theorie wird uns außerdem verraten, welche extremen Experimente eine Katastrophe auslösen könnten, sofern Experimente dazu überhaupt fähig sind.

Die dritte Grenze der Wissenschaft: das sehr Komplexe

Eine endgültige Theorie sowohl des Kosmos als auch der Mikrowelt würde, sollte sie eines Tages Wirklichkeit werden, dennoch nicht das »Ende der Wissenschaft« ankündigen. Es gibt eine andere offene Grenze: die Erforschung der sehr komplizierten Dinge, zu denen vor allem wir selbst und unsere Lebenswelt gehören. Wir mögen ein einzelnes Atom verstehen und sogar die Geheimnisse der Quarks und anderer Teilchen, die in seinem Kern verborgen liegen, aber wir sind noch immer verwirrt angesichts dessen, wie Atome sich auf verwickelte Weise zu all den verwickelten Strukturen in unserer Umwelt vereinen, besonders zu den lebenden. Der in populärwissenschaftlichen Büchern oft verwendete Ausdruck »Theorie von allem« hat nicht nur etwas Überhebliches, sondern sie ist auch sehr irreführend. Eine so genannte Theorie von allem wäre für 99 Prozent der Wissenschaftler absolut keine Hilfe.

Der brillante, charismatische Physiker Richard Feynman unterstrich diesen Punkt gern durch eine hübsche Analogie, die eigentlich auf Thomas Henry Huxley im 19. Jahrhundert zurückgeht. Stellen Sie sich vor, Sie hätten noch nie gesehen, wie Schach gespielt wird. Würden Sie nun bei einigen Partien zusehen, könnten Sie daraus die Regeln ableiten. Doch beim Schach ist das Erlernen der Züge der Figuren nur ein leichtes Vorspiel zum anstrengenden Fortschreiten vom Anfänger zum Großmeister. So ist es auch in der Wissenschaft: Auch wenn wir die fundamentalen Gesetze kennen, bleibt es eine unendliche Aufgabe, ihre Auswirkungen im Laufe der kosmischen Geschichte zu erforschen: wie Galaxien und Sterne und Planeten entstanden und wie hier auf der Erde – und möglicherweise in vielen Biosphären auf anderen Planeten – Atome sich zu Wesen zusammenfügten, die imstande sind, über ihre Ursprünge nachzudenken.

Die Wissenschaft steht immer noch erst am Anfang: Jeder Fortschritt wirft neue Fragen auf. Ich stimme John Maddox zu, wenn er schreibt: »Die großen Überraschungen werden die Antworten auf Fragen sein, die zu stellen wir noch nicht intelligent genug sind. Das Unternehmen Wissenschaft ist ein unvollendetes Projekt und wird es bis ans Ende der Zeit bleiben.«[11]

Es mag vermessen erscheinen, wenn Kosmologen sich zuversichtlich über schwer verständliche und zeitlich entlegene Fragen äußern, während die Ansichten, die von Experten über seit langem erforschte Alltagsdinge wie Ernährung und Kinderbetreuung vorgetragen werden, offensichtlich wenig mehr sind als flüchtige Moden. Doch ob Dinge sich schwer begreifen lassen, hängt nicht davon ab, wie groß, sondern wie kompliziert sie sind. Planeten und Sterne sind groß, bewegen sich aber nach einfachen Gesetzen. Wir können Sterne und auch Atome verstehen, doch die Alltagswelt, besonders die Welt des Lebendigen, stellt eine größere Herausforderung dar. Die Diätetik ist in einem ganz realen Sinne eine schwierigere Wissenschaft als die Kosmologie oder die Teilchenphysik. Menschen – die am kompliziertesten aufgebauten Objekte im Universum, die wir kennen – rangieren nach ihrer Größe halbwegs zwischen Atomen und Sternen.[12] Um die Masse der Sonne zu erreichen, müsste man ebenso viele Menschen haben, wie es Atome in jedem von uns gibt.[13]

Unsere Alltagswelt stellt für die Wissenschaft des 21. Jahrhunderts eine größere Herausforderung dar als der Kosmos oder die Welt der subnuklearen Teilchen. Der biologische Bereich ist die größte Herausforderung, doch schon einfache Substanzen wie Luft und Wasser verhalten sich komplex. Die klimatischen Verhältnisse sind eine Manifestation der gut verstandenen Physik von Luft und Wasser, erweisen sich aber als zu kompliziert, um sie exakt vorhersagen zu können; verbesserte Theorien der Mikrowelt helfen den Leuten vom Wetterdienst nicht im Geringsten.

Wenn wir uns mit den Komplexitäten auf unserer menschlichen Ebene herumschlagen, zeigt sich, dass ein ganzheitliches Herangehen hilfreicher ist als ein naiver Reduktionismus. Das Verhalten von Tieren versteht man am besten, wenn man es im Sinne von Zielen und Überleben deutet. Wir können zuversichtlich vorhersagen, dass ein Albatros nach einem Flug von 10 000 Kilometern oder mehr zu seinem Nistplatz zurückkehrt. Eine solche Vorhersage wäre unmöglich – nicht nur praktisch, sondern auch theoretisch –, wenn wir den Albatros als eine Ansammlung von Elektronen, Protonen und Neutronen analysieren würden.

Die Wissenschaften werden manchmal mit den Stockwerken eines hohen Gebäudes verglichen: die Logik im Keller, die Mathematik im Erdgeschoss, dann die Teilchenphysik, danach der Rest von Physik und Chemie und so weiter, bis hinauf zu Psychologie, Soziologie und der Wirtschaftswissenschaft im Penthouse. Doch das ist keine gute Analogie. Die Superstrukturen, die Wissenschaften der »höheren Ebenen«, die sich mit komplexen Systemen befassen, werden nicht wie ein Gebäude durch ein unsicheres Fundament gefährdet. Naturgesetze im makroskopischen Bereich sind nicht minder anspruchsvoll als alles in der Mikrowelt und von dieser begrifflich unabhängig; da sind etwa die Gesetze, die den Übergang von einem regelhaften zu einem chaotischen Verhalten beschreiben und auf so unterschiedliche Phänomene wie tropfende Wasserhähne und Tierpopulationen zutreffen.

Wenn Probleme in Chemie, Biologie, Umwelt- und Humanwissenschaften noch immer ungelöst sind, liegt das daran, dass Wissenschaftler bisher nicht die Muster, Strukturen und Zusammenhänge zu erhellen vermochten – und nicht daran, dass wir die subatomare Physik noch nicht gut genug verstanden haben. Wenn wir zu begreifen suchen, wie Wasserwellen brechen oder wie Insekten sich verhalten, vermag uns die Analyse auf der atomaren Ebene nicht zu helfen. Dass man den »Readout« des menschlichen Genoms gefunden, also die Kette von Molekülen entdeckt hat, in denen unser genetisches Erbe verschlüsselt ist, stellt eine bewundernswerte Leistung dar. Aber das ist nur das Vorspiel zu der weit größeren Herausforderung der postgenomischen Wissenschaft: nämlich zu verstehen, wie der genetische Code den Aufbau von Proteinen auslöst und sich in einem sich entwickelnden Embryo exprimiert. Andere Aspekte der Biologie, insbesondere die Natur des Gehirns, stellen Herausforderungen dar, die noch nicht einmal richtig formuliert werden können.

Die Grenzen des menschlichen Geistes

Einige Zweige der Wissenschaft könnten eines Tages zum Stillstand kommen. Aber nicht, weil der Gegenstand erschöpft wäre, sondern weil wir an die Grenze dessen gestoßen sind, was unser Gehirn begreifen kann. Vielleicht wird es den Physikern nie gelingen, die fundamentale Natur von Raum und Zeit zu verstehen, weil sie mathematisch einfach zu vertrackt ist, doch zuerst werden, glaube ich, unsere Bemühungen, sehr komplexe Systeme wie vor allem unser Gehirn zu verstehen, auf solche Grenzen stoßen. Es könnte sein, dass komplexe Aggregate von Atomen, seien es Gehirne oder Maschinen, sich selbst nicht zu verstehen vermögen.

Computer mit ähnlichen Fähigkeiten, wie sie Menschen besitzen, werden die Wissenschaft beschleunigen, auch wenn sie nicht denken werden wie wir. Der Schachcomputer »Deep Blue« von IBM entwickelte seine Strategie nicht wie ein menschlicher Spieler; er nutzte seine Rechengeschwindigkeit, um nach komplizierten Regeln Millionen von Zügen und Reaktionen zu vergleichen, bevor er sich für einen optimalen Zug entschied. Diese Methode der »rohen Gewalt« bezwang einen Weltmeister; auf die gleiche Weise werden Maschinen wissenschaftliche Entdeckungen machen, zu denen das menschliche Gehirn allein nicht in der Lage war. Es gibt zum Beispiel Substanzen, die vollkommen ihren elektrischen Widerstand verlieren, wenn sie auf sehr niedrige Temperaturen heruntergekühlt werden (Supraleiter). Man sucht ständig nach dem »Rezept« für einen Supraleiter, der bei Zimmertemperatur funktioniert (also fast 300 Grad über dem absoluten Nullpunkt; die höchste, bisher erreichte supraleitende Temperatur ist 120 Grad). Bei dieser Suche verfährt man weitgehend nach »Versuch und Irrtum«, weil niemand genau weiß, weshalb der elektrische Widerstand bei einigen Materialien leichter verschwindet als bei anderen.

Angenommen, eine Maschine würde ein solches Rezept präsentieren. Sie könnte auf die gleiche Weise zum Erfolg gekommen sein, wie »Deep Blue« seine Schachspiele gegen Gari Kasparow gewann: weniger durch eine Theorie oder Strategie, wie sie Menschen anwenden, als vielmehr durch das Ausprobieren von Millionen Möglichkeiten. Ihr wäre aber etwas gelungen, wofür ein Wissenschaftler einen Nobelpreis erhielte. Ihre Entdeckung würde außerdem einen technischen Durchbruch bedeuten, der unter anderem noch leistungsfähigere Computer nach sich zöge – ein Beispiel der sich steigernden Beschleunigung in der Technologie, die Bill Joy und anderen Futurologen Sorgen bereitet, einer Entwicklung, die sich nicht aufhalten ließe, wenn es Computern gelänge, die Fähigkeiten des menschliches Gehirn zu überbieten oder gar auszustechen.

Simulationen mit immer leistungsstärkeren Computern werden Wissenschaftlern helfen, Prozesse zu verstehen, die wir weder in unseren Laboratorien zu untersuchen noch direkt zu beobachten vermögen.[14] Meine Kollegen können bereits in einem Computer ein »virtuelles Universum« schaffen und »Experimente« an ihm vornehmen; sie können beispielsweise simulieren, wie Sterne entstehen und sterben und wie unser Mond aus einem Zusammenstoß zwischen der jungen Erde und einem anderen Planeten hervorging.

Die Anfänge des Lebens

In Kürze werden Biologen die Prozesse, mittels derer Kombinationen von Genen die verwickelte Chemie einer Zelle codieren, sowie die Morphologie von Gliedmaßen und Augen geklärt haben. Eine andere Aufgabe besteht darin, den Anfang des Lebens zu erhellen und diesen Vorgang vielleicht sogar zu reproduzieren – sei es in einem Labor oder »virtuell« in einem Computer (mit dessen Hilfe die Evolution sehr viel schneller studiert werden kann als in Echtzeit).

Alles Leben auf der Erde scheint einen gemeinsamen Vorfahren zu haben, aber wie ist dieses erste Lebewesen entstanden? Was führte von Aminosäuren zu den ersten sich replizierenden Systemen und zu der verwickelten Proteinchemie einzelliger Lebewesen? Die Beantwortung dieser Frage nach dem Übergang vom Unbelebten zum Lebendigen ist eine grundlegende unerledigte Aufgabe für die Wissenschaft. Laborexperimente, welche die »Suppe« von Chemikalien auf der jungen Erde zu simulieren versuchen, könnten Hinweise liefern, ebenso Computersimulationen. Darwin stellte sich einen »warmen kleinen Tümpel« vor. Wir wissen heute mehr über die ungeheure Vielfalt von Nischen, die das Leben besetzen kann. Die in der Tiefsee in der Nähe heißer Schwefelquellen bestehenden Ökosysteme verraten uns, dass nicht einmal Sonnenlicht erforderlich ist. Die Anfänge des Lebens könnten sich daher in einem glühend heißen Vulkan tief unter der Erde oder gar in dem reichen chemischen Gemisch einer interstellaren Staubwolke abgespielt haben.

Vor allem möchten wir wissen, ob die Entstehung von Leben

gewissermaßen unvermeidlich war – oder ob es sich um einen glücklichen Zufall gehandelt hat. Die kosmische Bedeutung unserer Erde hängt davon ab, ob Biosphären selten oder häufig sind, was wiederum davon abhängt, wie »speziell« die Bedingungen dafür sein müssen, dass Leben beginnt. Die Antwort auf diese wichtige Frage wirkt sich darauf aus, wie wir uns selbst und die langfristige Zukunft der Erde sehen. Hinderlich ist natürlich der Umstand, dass wir nur ein einziges Beispiel haben, aber das könnte sich ändern. Die Suche nach außerirdischem Leben ist vielleicht die faszinierendste Herausforderung für die Wissenschaft des 21. Jahrhunderts. Ihr Ergebnis wird sich auf unsere Vorstellung von unserer Stellung in der Natur ebenso tief greifend auswirken wie während der letzten 150 Jahre der Darwinismus.

12. Ist unser Schicksal von kosmischer Bedeutung?

Die Chance, dass komplexes Leben entsteht (und überlebt), könnte so gering sein, dass die Erde der einzige Aufenthaltsort von bewusster Intelligenz in unserer ganzen Galaxis ist. Unser Schicksal wäre dann von wahrhaft kosmischer Bedeutung.

Ist Leben ein verbreitetes Phänomen? Oder ist die Erde etwas Besonderes, und zwar nicht nur für uns, für die sie der Heimatplanet ist, sondern auch für den Kosmos insgesamt?

Solange wir von nur einer Biosphäre wissen, der unseren, können wir nicht ausschließen, dass sie die einzige ist – komplexes Leben könnte das Ergebnis einer Kette von Ereignissen sein, die so unwahrscheinlich ist, dass sie sich innerhalb des beobachtbaren Universums nur einmal zutrug: auf dem Planeten, auf dem (natürlich) wir uns befinden. Andererseits könnte Leben weit verbreitet und auf jedem erdähnlichen Planeten (und vielleicht auch in vielen weiteren kosmischen Umgebungen) entstanden sein. Wir wissen noch zu wenig über den Beginn und die Entwicklung des Lebens, um zwischen diesen extremen Möglichkeiten zu entscheiden. Es wäre der größte Durchbruch, wenn wir eine andere Biosphäre fänden – echtes außerirdisches Leben.

Diese Frage könnte in den kommenden Jahrzehnten mithilfe unbemannter Erkundungen des Sonnensystems geklärt werden.

Raumsonden, die seit den 1960er-Jahren zu den übrigen Planeten unseres Sonnensystems geschickt wurden, funkten Bilder von vielfältigen und ausgeprägten Welten zurück, doch keine scheint – in scharfem Kontrast zu unserem Planeten – wirtliche Bedingungen für Leben zu bieten. Im Zentrum der Aufmerksamkeit steht noch immer der Mars. Sonden haben uns dramatische Marslandschaften enthüllt: Vulkane, die sich bis zu 20 Kilometer emporwölben, und einen Canyon, der sechs Kilometer tief ist und sich 4000 Kilometer lang über den Planeten hinzieht. Es gibt wasserlose Flussbetten und sogar Erscheinungen, die dem Ufer eines Sees ähneln. Sollte einmal Oberflächenwasser auf dem Mars geflossen sein, stammte es wahrscheinlich tief aus dem Inneren und wurde durch den dicken Permafrostboden nach oben gedrückt.

Erkundung des Mars und anderer Planeten

Mit der ernsthaften Suche nach Leben auf dem Mars begann die NASA in den 1970er-Jahren. Die *Viking*-Sonden landeten an Fallschirmen in einer öden, mit Steinen übersäten Wüste und nahmen Bodenproben; ihre Instrumente entdeckten nicht eine Spur auch nur der primitivsten Organismen. Die erste ernst zu nehmende Behauptung fossilen Lebens ergab sich später aus der Analyse eines Stückes vom Mars, das selbst den Weg zur Erde gefunden hatte. Der Mars wird wie die Erde von Asteroideneinschlägen heimgesucht, die Trümmer ins All hinausschleudern. Ein Teil dieser Fragmente prallt nach einer viele Millionen Jahre langen Wanderung durchs All in Gestalt von Meteoriten auf die Erde. 1996 veranstalteten NASA-Vertreter eine Pressekonferenz, um die viel Wirbel gemacht wurde und an der sogar der damalige Präsident Clinton teilnahm; bei diesem Anlass teilten sie mit, dass ein aus der Antarktis geborgener Meteorit mit chemischen Signaturen, die auf den Mars als Ursprung hindeuteten, Spuren winziger Organismen enthalte. Inzwischen haben die Wissenschaftler einen Rückzieher gemacht: Das »Leben auf dem Mars« könnte sich ebenso verflüchtigen wie ein Jahrhundert zuvor die vermeintlichen »Kanäle«.

Die Hoffnung auf Leben auf dem roten Planeten wurde jedoch nicht aufgegeben, doch erwarten selbst Optimisten kaum mehr als Bakterien im Ruhezustand. Weitere Raumsonden werden die Oberfläche des Mars gründlicher untersuchen, als die *Viking*-Sonden es vermochten, und (bei späteren Flügen) Proben zur Erde zurückbringen.

Der Mars ist nicht das einzige Ziel dieser Flugobjekte. Die Sonde *Huygens* der Europäischen Weltraumorganisation, Teil der Nutzlast der NASA-Mission *Cassini* zum Saturn, wird im Jahr 2004 an einem Fallschirm in die Atmosphäre von Titan, dem riesigen Mond des Saturn, eintauchen und nach etwas Lebendigem suchen. Als Standort von Leben kommt auch Europa infrage, der gefrorene Mond des Jupiter; es gibt langfristige Pläne, dorthin eine tauchfähige Sonde zu schicken, die unter dem Eis, das die Meere bedeckt, nach Leben suchen soll.

Würde man in unserem Sonnensystem – von dem wir jetzt wissen, dass es nur eines von Millionen Planetensystemen in unserer Galaxis ist – an zwei Stellen Leben entdecken, müsste man annehmen, dass Leben im Universum insgesamt häufig ist. Wir würden direkt daraus schließen, dass unser Universum (mit Milliarden von Galaxien, die aus jeweils Milliarden von Sternen bestehen) Billionen von Habitaten beherbergen könnte, in denen irgendeine Form von Leben (oder Spuren früheren Lebens) existieren. Deshalb ist es so wichtig, auf einem der äußeren Planeten unseres Sonnensystems oder auf deren Monden Lebensformen ausfindig zu machen.

Hier ist jedoch eine entscheidende Einschränkung unbedingt erforderlich: Ehe wir eine Folgerung bezüglich der Allgegenwart von Leben ziehen, müssen wir ganz sicher sein, dass das außerirdische Leben unabhängig begonnen hat und dass nicht Organismen auf dem Weg über kosmischen Staub oder Meteoriten von einem Planeten zum anderen gelangt sind. Es ist nämlich bekannt, dass Meteoriten, die auf der Erde einschlugen, vom Mars kamen; falls Leben auf ihnen war, könnte das der Beginn des Lebens auf der Erde gewesen sein. Vielleicht stammt unser aller Urahn vom Mars.

Andere Erden?

Selbst wenn es auf anderen Himmelskörpern in unserem Sonnensystem Leben geben sollte, rechnet kaum ein Wissenschaftler damit, dass es »hoch entwickelt« ist. Aber wie sieht es mit entfernteren Regionen des Kosmos aus? In den Jahren nach 1995 ist ein neuer Wissenschaftsbereich entstanden: Er befasst sich mit der Erforschung anderer Planetenfamilien, die um ferne Sterne kreisen. Wie steht es um die Chance, dass es auf einigen von ihnen Leben geben könnte? Kaum einer von uns war überrascht, dass solche Planeten existieren, denn die Astronomen hatten bereits Kenntnis darüber, dass andere Sterne auf die gleiche Weise entstanden waren wie unsere Sonne: aus einer langsam rotierenden interstellaren Wolke, die sich zu einer Scheibe zusammenzog; das Staub-Gas-Gemisch in diesen anderen Scheiben konnte sich zusammenballen zu Planeten, so wie es im Umkreis der neu geborenen Sonne geschehen war. Bis in die 1990er-Jahre hinein gab es jedoch keine hinreichend empfindlichen Verfahren, einen dieser fernen Planeten zu entdecken.[1] Während ich dies schreibe, sind schon hundert andere sonnenähnliche Sterne bekannt, die mindestens einen Planeten haben, und fast allmonatlich werden weitere entdeckt. Die bisher gefundenen Planeten, die um sonnenähnliche Sterne kreisen, haben alle ungefähr die Größe des Jupiter oder des Saturn, der Riesen unseres Sonnensystems. Sie sind aber vermutlich nur die größten Mitglieder anderer »Sonnensysteme«, deren kleinere Mitglieder es noch zu entdecken gilt. Ein Planet wie die Erde, die dreihundertmal weniger Masse hat als der Jupiter, wäre zu klein und zu lichtschwach, um mit den gegenwärtigen Verfahren entdeckt zu werden, selbst wenn er um einen der allernächsten Sterne kreisen würde. Um erdähnliche Planeten zu beobachten, werden sehr weiträumige Teleskopsysteme im All erforderlich sein. »Origins«, das Flaggschiff unter den wissenschaftlichen Programmen der NASA, ist auf Ursprünge ausgerichtet – den Ursprung des Universums, von Planeten und des Lebens –, und eines seiner wichtigsten Projekte wird der so genannte »Terrestrial Planet Finder«[2] sein, ein System von Teleskopen im All; die Europäer planen ein ähnliches Projekt unter dem Namen »DARWIN«.

Wir alle haben in unserer Jugend gelernt, wie unser Sonnensystem in seinen Grundzügen beschaffen ist: wie groß die neun wichtigsten Planeten sind und wie sie sich auf Bahnen um die Sonne bewegen. Doch in zwanzig Jahren werden wir unseren Enkelkindern weit interessantere Dinge über den Sternenhimmel erzählen können. Die nächsten Sterne werden dann nicht mehr nur funkelnde Pünktchen am Himmel sein. Wir werden sie als die Sonnen anderer Sonnensysteme betrachten. Wir werden die Bahnen des Planetengefolges der einzelnen Sterne und sogar einige topografische Details der größeren Planeten kennen.

Es ist zu erwarten, dass der »Terrestrial Planet Finder« und sein europäisches Pendant viele solcher Planeten entdecken werden, aber nur als schwach leuchtende Punkte. Dennoch kann man auch ohne ein detailliertes Bild eine Menge über sie herausbekommen. Aus der Entfernung von (angenommen) fünfzig Lichtjahren – so weit ist es bis zu einem nah benachbarten Stern – würde die Erde, wie Carl Sagan gesagt hat, als »blassblauer Punkt« erscheinen, offenbar sehr dicht an einem Stern (unserer Sonne), der sie an Leuchtkraft um einen Faktor von vielen Milliarden übertrifft. Die blaue Tönung wäre nicht immer konstant, je nachdem, ob man auf den Pazifik oder auf die eurasische Landmasse schaut. Auch wenn wir auf der Oberfläche anderer Planeten kein Detail aufzulösen vermögen, können wir aus unseren Beobachtungen dennoch schließen, ob sie rotieren, wie lang ihr »Tag« ist, ja sogar, wie ihre Topografie und ihr Klima ungefähr beschaffen sind.

Vor allem werden wir Ausschau halten nach möglichen »Zwillingen« unserer Erde, nach Planeten von der ungefähren Größe des unseren, die um andere sonnenähnliche Sterne kreisen und ein gemäßigtes Klima haben, bei dem Wasser weder siedet noch gefroren bleibt.[3] Aus der Analyse des schwachen Lichts eines solchen Planeten könnten wir schließen, welche Gase in seiner Atmosphäre vorkommen. Sollte es Ozon geben – was impliziert, dass sie reich an Sauerstoff ist wie die Atmosphäre unserer Erde –, wäre das ein Hinweis auf eine Biosphäre. Unsere Atmosphäre war ursprünglich anders zusammengesetzt, wurde aber durch primitive Bakterien in ihrer Frühzeit verändert.

Doch ein echtes Bild von einem solchen Planeten – eines, das man auf den wandgroßen Bildschirmen zeigen kann, die dann die Poster als Wandschmuck abgelöst haben werden – wird sicherlich noch beeindruckender sein als die klassischen Bilder von unserem Planeten aus dem All. Selbst wenn Programme wie die der NASA über Jahrzehnte fortgeführt werden, dürften solche Bilder vor dem Jahr 2025 nicht zu erwarten sein. Dafür wird man riesige Spiegel im All benötigen, und selbst ein System von Spiegeln, das sich über hunderte Kilometer erstreckt, wird ein sehr verschwommenes und grobes Bild liefern, auf dem man vielleicht gerade noch einen Ozean oder eine kontinentale Landmasse ausmachen kann. In noch fernerer Zukunft werden vielleicht Arbeitsroboter in der Schwerelosigkeit des Alls hauchdünne Spiegel von noch gigantischeren Ausmaßen errichten. Diese würden mehr Details zeigen und uns erlauben, noch größere Fernen zu erkunden, womit die Wahrscheinlichkeit wachsen würde, einen Planeten zu finden, der Leben beherbergen könnte.

Außerirdisches Leben?

Wie weit weg werden wir suchen müssen, um eine andere Biosphäre zu finden? Beginnt Leben auf jedem Planeten im passenden Temperaturbereich, auf dem es Wasser gibt und dazu noch andere Elemente wie Kohlenstoff? Zurzeit ist diese Frage offen. Mangel an Fakten führt, wie so oft in der Wissenschaft, zu polarisierten und häufig dogmatischen Meinungen. Doch solange wir so wenig darüber wissen, wie das Leben begann, wie vielfältig seine Formen und Habitate sein könnten und welche Evolutionswege es einschlagen könnte, ist Agnostizismus wirklich die einzige rationale Haltung.

Könnten einige dieser Planeten, die um andere Sterne kreisen, Lebensformen beherbergen, die weit interessanter und exotischer sind als alles, was uns möglicherweise auf dem Mars erwartet, und vielleicht sogar etwas, das man intelligent nennen könnte? Um das zu klären, brauchen wir ein klareres Verständnis davon, wie speziell die physische Umgebung der Erde sein musste, um den langen Selektionsprozess zu erlauben, der auf unserem Planeten zu den höheren tierischen Formen führte. Donald Brownlee und Peter Ward behaupten in ihrem Buch »*Unsere einsame Erde*«, dass nur sehr wenige extrasolare Planeten – selbst solche, die in Größe und Temperatur der Erde ähneln – die erforderliche langfristige Stabilität für die langwierige Evolution bieten, die höher entwickeltem Leben vorausgehen muss.[4] Sie glauben, dass es noch mehrerer anderer Voraussetzungen bedarf, die möglicherweise nur selten erfüllt sind. So darf die Bahn des Planeten nicht zu nah an seiner »Sonne« verlaufen und nicht zu weit von ihr entfernt sein, wie es der Fall sein würde, wenn andere größere Planeten sich zu sehr annähern und ihn auf eine andere Bahn schubsen würden; seine Rotation muss stabil sein (die darauf beruht, dass wir einen großen Mond haben); und der Planet darf nicht übermäßig von Asteroiden bombardiert werden.

Doch die größten Ungewissheiten liegen im Bereich der Biologie, nicht der Astronomie. Zunächst: Wie begann das Leben? Ich glaube, dass hier eine echte Chance der Klärung besteht und wir herausbekommen werden, ob das Leben ein »glücklicher Zufall« ist oder ob es in der »Ursuppe«, die auf einem jungen Planeten zu erwarten ist, nahezu unvermeidlich ist. Zudem ergibt sich noch eine zweite Frage: Wie groß ist dort, wo einfaches Leben existiert, die Wahrscheinlichkeit, dass es sich zu etwas entwickelt, das wir als intelligent anerkennen würden? Dies wird vermutlich weitaus vertrackter sein. Selbst dann, wenn primitives Leben eine häufige Erscheinung sein sollte, muss das für die Entstehung von »höherem« Leben nicht unbedingt gelten.

Wir kennen die wesentlichen Stadien in der Entwicklung des Lebens hier auf der Erde in groben Umrissen. Als sich vor rund vier Milliarden Jahren nach dem letzten großen Asteroideneinschlag die Erdkruste endgültig abkühlte, scheinen sich innerhalb von 100 Millionen Jahren die einfachsten Organismen entwickelt zu haben. Anscheinend mussten aber rund zwei Milliarden Jahre vergehen, bevor die ersten eukaryotischen (mit einem Kern ausgestatteten) Zellen auftauchten, und eine weitere Milliarde, bis sich vielzelliges Leben heranbildete. Die meisten der heute gängigen tierischen Formen scheinen erstmals in der »kambrischen Explosion« vor etwas mehr als 500 Millionen Jahren aufgetreten zu sein. Die ungeheure Vielfalt der Landlebewesen entstand seit jener Zeit, unterbrochen durch Episoden des Massensterbens, darunter das Ereignis vor 65 Millionen Jahren, das die Dinosaurier auslöschte.

Selbst dann, wenn es auf vielen Planeten, die nahe Sterne umkreisen, einfaches Leben geben sollte, könnten komplexe Biosphären wie die der Erde selten sein, weil irgendeine schwer zu überwindende Hürde die Evolution hemmt. Vielleicht ist es der Übergang zu vielzelligem Leben. (Dass einfaches Leben sich auf der Erde recht schnell auszubreiten schien, während es bis zu den primitivsten vielzelligen Organismen fast drei Milliarden Jahre dauerte, deutet darauf hin, dass das Werden komplexen Lebens auf hohe Schranken stößt.) Die größte Hürde könnte sich aber auch später auftürmen. Auch in einer komplexen Biosphäre ist die Entwicklung von Intelligenz auf menschlichem Niveau alles andere als sicher. Wären zum Beispiel die Dinosaurier nicht ausgelöscht worden, so wäre möglicherweise die Evolution der Säugetiere, die zum *Homo sapiens* führte, unterbrochen worden, und es ist ungewiss, ob eine andere Art unsere Rolle übernommen hätte. Manche Evolutionsforscher halten die Entstehung von Intelligenz für einen Zufall, sogar für einen unwahrscheinlichen. Doch es wird auch die gegenteilige Auffassung vertreten, zum Beispiel von meinem Cambridge-Kollegen Simon Conway Morris, einer Autorität hinsichtlich der außerordentlichen Fülle kambrischer Lebensformen im Burgess Shale, einem Fossilien-Fundort in den Rocky Mountains in der kanadischen Provinz British Columbia. Ihn beeindrucken die Hinweise auf »Konvergenz« in der Evolution (etwa die Tatsache, dass australasiatische Beuteltiere ihre Pendants unter den Plazentatieren auf anderen Kontinenten haben), und diese Konvergenz ist seiner Ansicht nach fast so etwas wie eine Garantie für die Entwicklung des Menschen. Er schreibt: »Bei aller Fülle des Lebens hat man den starken Eindruck einer Begrenzung, die nicht nur das, was wir auf der Erde sehen, sondern logischerweise auch das Leben außerhalb der Erde in einem gewissen Grad vorhersagbar macht.«[5]

Bedenklicher könnte jedoch eine Hürde sein, die sich in unserem gegenwärtigen Evolutionsstadium auftut, jener Zeitspanne, in der intelligentes Leben eine Technologie zu entwickeln beginnt. Die künftige Entwicklung des Lebens würde in diesem Fall davon abhängen, ob die Menschen diese Phase überleben. Bedingung dafür ist nicht, dass die Erde einer Katastrophe entgehen muss, sondern nur, dass, bevor es dazu kommt, einige Menschen oder hoch entwickelte Artefakte sich über ihren Heimatplaneten hinaus ausgebreitet haben.

Die Suche nach Leben wird sich zu Recht auf erdähnliche Planeten im Umfeld langlebiger Sterne konzentrieren. Doch Science-Fiction-Autoren erinnern uns daran, dass es exotischere Alternativen gibt. Vielleicht kann Leben auch auf einem Planeten gedeihen, der in die eisige Dunkelheit des interstellaren Raums geschleudert wurde und seine Wärme aus Radioaktivität in seinem Inneren bezieht (sie heizt auch den Erdkern). Es könnte diffuse lebende Strukturen geben, die frei in interstellaren Wolken schweben; solche Wesen würden stark verlangsamt leben (und, sofern intelligent, denken), doch sie könnten in ferner Zukunft gleichwohl zu ihrem Recht kommen.

Auf keinem Planeten könnte Leben weiterbestehen, wenn sein sonnenähnliches Zentralgestirn zu einem Riesen werden und seine äußeren Schichten absprengen würde. Solche Erwägungen erinnern uns an die Vergänglichkeit bewohnter Welten und auch daran, dass ein anscheinend künstliches Signal, das wir auffangen, von superintelligenten (wenn auch nicht notwendigerweise bewussten) Computern kommen könnte, geschaffen von einem Geschlecht außerirdischer Wesen, das längst ausgestorben ist.

Außerirdische Intelligenz: Besuche oder Signale?

Sollte höheres Leben weit verbreitet sein, müssen wir uns mit der berühmten Frage befassen, die der große Physiker Enrico Fermi als Erster stellte: Warum haben sie die Erde nicht schon besucht? Warum stehen sie oder ihre Artefakte uns nicht deutlich vor Augen? Dieses Argument bekommt zusätzlich Gewicht, wenn wir uns klar machen, dass es Sterne gibt, die Milliarden Jahre älter sind als unsere Sonne: Wäre Leben eine verbreitete Erscheinung, so müsste seine Entstehung auf Planeten, die diese alten Sterne umkreisen, einen »Vorsprung« gehabt haben.[6] Der Kosmologe Frank Tipler, der wohl entschiedenste Verfechter der Ansicht, dass wir allein sind, meint, dass Außerirdische sich nicht selbst auf interstellare Reisen begeben hätten. Er glaubt vielmehr, dass wenigstens eine außerirdische Zivilisation sich selbst reproduzierende Maschinen entwickelt und ins All geschossen hätte. Diese Maschinen hätten sich von Planet zu Planet ausgebreitet und dabei vermehrt; sie hätten sich innerhalb von zehn Millionen Jahren in der Galaxis ausgebreitet, einer Zeitspanne, die weit kürzer ist als der »Vorsprung«, den einige der übrigen Zivilisationen gehabt haben könnten. (Natürlich ist immer wieder behauptet worden, dass wir von UFOs besucht wurden, und gewisse Leute behaupten, von Außerirdischen entführt worden zu sein.[7] In den 1990er-Jahren bestand ihre bevorzugte »Visitenkarte« in »Kornkreisen«, vornehmlich im Süden Englands. Genau wie die Mehrheit der übrigen Wissenschaftler, die sich mit diesen Berichten befasst haben, bin ich davon ganz und gar nicht überzeugt, da in all diesen Fällen die Beweise dürftig sind. Würden Außerirdische, wenn sie wirklich die Intelligenz und die Technologie besäßen, um bis zur Erde zu gelangen, lediglich ein paar Kornfelder verderben? Oder sich damit begnügen, ein paar allseits bekannte Spinner für kurze Zeit aus dem Verkehr zu ziehen? Ihre Manifestationen sind ebenso banal und zweifelhaft wie die Botschaften der Toten, von denen auf dem Höhepunkt des Spiritualismus vor hundert Jahren immer wieder berichtet wurde.)

Besuche von Außerirdischen, welche die Größe von Menschen haben, dürfen wir vielleicht ausschließen, aber falls eine extraterrestrische Zivilisation die Nanotechnologie gemeistert und ihre Intelligenz auf Maschinen übertragen haben sollte, könnte die »Invasion« in einem Schwarm mikroskopisch kleiner Sonden bestehen, die unserer Aufmerksamkeit möglicherweise entgangen sind. Aber auch dann, wenn es gar keinen Besuch gab, sollten wir daraus trotz Fermis Frage nicht folgern, dass es Außerirdische nicht gibt. Weitaus einfacher, als die unvorstellbaren Weiten des interstellaren Raums zu durchqueren, wäre die Entsendung eines Radio- oder Lasersignals. Wir selbst übermitteln bereits Signale, die von einer außerirdischen Zivilisation aufgefangen werden könnten; diese »Aliens« könnten mithilfe großer Radioantennen durchaus die starken Signale von Raketenabwehr-Radaranlagen sowie den gesamten Ausstoß all unserer Fernsehsender empfangen.

Die Suche nach extraterrestrischer Intelligenz (SETI) wird angeführt vom SETI Institute in Mountain View (Kalifornien), dessen Arbeit durch stattliche Spenden von Paul Allen, dem Mitbegründer von Microsoft, und anderen Wohltätern unterstützt wird. Jeder interessierte Amateur, der über einen Computer verfügt, kann sich von dem Datenstrom, den das Radioteleskop des Instituts liefert, einen kurzen Abschnitt herunterladen und diesen analysieren. Millionen haben von diesem Angebot Gebrauch gemacht, getrieben von der Hoffnung, als Erster »E. T.« zu finden. Angesichts dieses breiten öffentlichen Interesses ist es erstaunlich, dass die SETI-Forschung bisher kaum öffentliche Mittel bekommen hat, nicht einmal in Höhe der Steuereinnahmen aus einem einzigen Science-Fiction-Film. Wäre ich ein amerikanischer Wissenschaftler, der vor einem Kongressausschuss aussagt, würde es mir leichter fallen, ein paar Millionen Dollar für SETI zu fordern, als mich um Mittel für speziellere Forschungen oder gar für konventionelle Raumfahrtprojekte zu bemühen.

Nach Signalen zu lauschen ist sinnvoller, als Signale auszusenden. Sollte ein gegenseitiger Austausch zustande kommen, würde er Jahrzehnte in Anspruch nehmen, sodass man Zeit hätte, sich eine wohl überlegte Antwort auszudenken. Aber langfristig könnte sich ein Dialog entwickeln. Der Logiker Hans Freudenthal hat eine regelrechte Sprache für die interstellare Kommunikation vorgeschlagen, die mit dem begrenzten Vokabular beginnen würde, das für einfache mathematische Aussagen erforderlich ist, und von dort ausgehend den Bereich des Diskurses allmählich erweitern und diversifizieren würde.[8] Ein eindeutig künstliches Signal, ob es nun dazu bestimmt war, von jemandem entschlüsselt zu werden, oder ob es Teil eines kosmischen Cyberspace wäre, den wir nur zufällig belauschen würden, würde uns die bedeutende Botschaft vermitteln, dass Intelligenz (wenn auch nicht notwendigerweise Bewusstsein) nicht auf die Erde beschränkt wäre.

Sollte die Evolution auf einem anderen Planeten ungefähr den »Künstliche-Intelligenz«-Szenarien ähneln, die für das 21. Jahrhundert hier auf der Erde vermutet werden, könnte die wahrscheinlichste und dauerhafteste Form von »Leben« in Maschinen bestehen, deren Schöpfer schon vor langer Zeit von ihren Erzeugnissen überwältigt wurden oder ausgestorben sind. Die einzige Art von Intelligenz, die wir in diesem Fall würden entdecken können, wäre eine, die zu einer Technologie führte, die wir zu erkennen vermögen, und das könnte ein kleiner, atypischer Bruchteil der Gesamtheit extraterrestrischer Intelligenz sein. Denkbar ist, dass manche »Gehirne« die Realität auf eine Weise verpacken, die wir uns nicht vorzustellen vermögen, und eine ganz andere Wahrnehmung der Realität haben. Denkbar ist auch, dass andere »Gehirne« wenig mitteilsam sind, vielleicht tief unter dem Ozean ihres Planeten ein beschauliches Leben führen und nichts tun, um ihre Anwesenheit zu verraten. Denkbar sind des Weiteren »Gehirne«, die aus Massen von superintelligenten »sozialen Insekten« bestehen. Es könnte da draußen sehr viel mehr geben, als wir jemals zu entdecken vermögen. Die Abwesenheit eines Beweises wäre kein Beweis von Abwesenheit.

Wir wissen zu wenig darüber, wie das Leben begann und wie es sich entwickelt hat, um sagen zu können, ob extraterrestrische Intelligenz wahrscheinlich ist oder nicht. Sollte es tatsächlich so sein, dass der Kosmos bereits von Leben wimmelt, so wäre alles, was auf der Erde geschieht, für die langfristige Zukunft des Lebens von geringer Bedeutung. Es könnte jedoch sein, dass die Entwicklung intelligenten Lebens eine so unwahrscheinliche Kette von Ereignissen voraussetzt, dass sie sich nur einmal, auf unserer Erde, vollzogen hat. Vielleicht hat sie einfach nirgendwo anders stattgefunden, nicht einmal auf einem einzigen Planeten der Billionen Milliarden Sterne, die wir mit unseren Teleskopen erreichen.

Wir vermögen im Übrigen nicht zu beurteilen, wie man am besten nach intelligentem Leben suchen sollte. Wir können, wie ich oben betonte, noch nicht einmal mit Sicherheit sagen, welches in hundert Jahren die dominierende Form von Intelligenz auf der Erde sein wird. Wie sollten wir uns da vorzustellen vermögen, was von einer anderen Biosphäre ausgegangen sein könnte, die uns einen Vorsprung von Milliarden Jahren voraushat? Wir wissen zu wenig, um zuversichtlich sagen zu können, was möglicherweise existieren und wie es sich manifestieren könnte, und sollten daher nach außergewöhnlichen Radioemissionen, optischen Kurzmeldungen und Signalen von absolut jeder Art suchen, für die wir über entsprechende Instrumente verfügen.

Es wäre einigermaßen enttäuschend, wenn die Suche nach außerirdischer Intelligenz fruchtlos bliebe. Andererseits würde ein solcher Fehlschlag unserer kosmischen Selbstachtung Auftrieb geben: Sollte unsere Erde ein einmaliger Sitz von Intelligenz sein, so könnten wir sie in einem weniger bescheidenen Licht sehen, als sie es verdienen würde, wenn die Galaxis bereits von komplexem Leben wimmelte.

13. Jenseits der Erde

Falls Robotersonden und Fabrikatoren sich im Sonnensystem ausbreiten sollten, werden ihnen dann auch Menschen folgen? Siedlungen außerhalb der Erde werden (wenn überhaupt) von risikofreudigen individualistischen Pionieren errichtet werden. Reisen außerhalb des Sonnensystems sind eine sehr viel fernere, posthumane Aussicht.

Zu einer Ikone aus den 1960er-Jahren wurde das erste Foto aus dem All, das unsere Erde als Kugel zeigte. Jonathan Schell regt an, dieses Bild zu ergänzen durch ein anderes, das unseren Planeten in den Mittelpunkt rückt, sich aber nicht im Raum erstreckt, sondern in der Zeit: »Mag auch der Blick aus dem Weltraum von unschätzbarem Wert sein, letztlich zählt doch nur der irdische Blickwinkel, der unseres Lebens ... von diesem irdischen Standpunkt eröffnet sich ein anderes Blickfeld, eines, das noch weiter reicht als die Sicht aus dem Weltraum. Es ist der Ausblick auf unsere Kinder und Kindeskinder, auf all die künftigen Generationen der Menschheit, deren lange Reihe sich weit in die vor uns liegenden Zeiten erstreckt. ... Der Gedanke, dass dieser Lebensstrom unterbrochen, dass diese Zukunft amputiert werden könnte, ist so schockierend, so widernatürlich und steht in so krassem Widerspruch zum Lebenstrieb, dass wir ihn kaum ertragen und sofort wieder voller Abscheu und Ungläubigkeit fallen lassen.«[1]

Sollte man, was immer auch geschehen mag, Vorkehrungen

dafür treffen, dass etwas von der Menschheit überlebt? Die meisten von uns machen sich Gedanken über die Zukunft, nicht nur aus persönlicher Sorge um Kinder und Enkelkinder, sondern weil all unsere Anstrengungen entwertet würden, wären sie nicht Teil eines fortgehenden Prozesses, hätten sie nicht Folgen, die bis in die ferne Zukunft nachwirken.

Es wäre absurd zu behaupten, dass Auswanderung ins All eine Antwort auf das Bevölkerungsproblem ist oder dass mehr als ein winziger Bruchteil der Bewohner der Erde diese jemals verlassen wird. Sollte eine Katastrophe die Menschheit auf eine weit geringere Bevölkerung zusammenschrumpfen lassen, die unter primitiven Bedingungen in einer verwüsteten Öde hausen würde, so würden die Überlebenden die irdische Umgebung dennoch wirtlicher finden als die jedes anderen Planeten. Gleichwohl wären unabhängig von der Erde existierende Pioniergruppen, und wären es auch nur ganz wenige, eine Sicherung gegen die schlimmste denkbare Katastrophe: die Vereitelung der Zukunft intelligenten Lebens durch die Auslöschung der gesamten Menschheit.

Das ständig präsente geringe Risiko einer globalen Katastrophe mit einer »natürlichen« Ursache wird durch die Risiken, die sich aus der Technologie des 21. Jahrhunderts ergeben, enorm gesteigert werden. Die Menschheit wird verletzlich bleiben, solange sie hier auf die Erde beschränkt bleibt. Sollte man sich im Sinne einer Pascalschen Wette nicht nur gegen Naturkatastrophen versichern, sondern auch gegen das wahrscheinlich weit größere (und sicherlich wachsende) Risiko der in früheren Kapiteln diskutierten menschengemachten Katastrophen? Sobald es außerhalb der Erde – auf dem Mond, dem Mars oder frei schwebend im All – autarke Gemeinschaften gäbe, könnten selbst die schlimmsten globalen Katastrophen unsere Art nicht mehr vernichten.

Wird es möglich sein, ein nachhaltiges Habitat irgendwo im Sonnensystem zu errichten? Wie lange wird es dauern, bis Menschen auf den Mond zurückkehren und vielleicht noch weitere Fernen erkunden?

Wird die bemannte Raumfahrt wieder aufleben?

Wer von uns jetzt im mittleren Alter ist, kann sich an die verschwommenen, direkt übertragenen Fernsehbilder von Neil Armstrongs »einem kleinen Schritt« erinnern. Das Vorhaben von US-Präsident Kennedy, »vor dem Ende des Jahrzehnts einen Menschen auf den Mond zu schicken und sicher auf die Erde zurückzubringen«, beförderte den Raumflug in den 1960er-Jahren von den Cornflakes-Packungen in die Realität. Und das schien nur ein Anfang zu sein. Wir träumten von den Folgeprojekten: einer permanenten »Mondbasis«, die große Ähnlichkeit mit der existierenden Basis am Südpol hatte, oder gar von riesigen »Weltraumhotels«, welche die Erde umkreisen. Bemannte Expeditionen zum Mars schienen ein selbstverständlicher nächster Schritt zu sein. Aus alledem ist jedoch nichts geworden. Das Jahr 2001 hatte keine Ähnlichkeit mit der Schilderung von Arthur C. Clarke, so wenig wie das Jahr 1984 (glücklicherweise) der Romanvision Orwells ähnelte.

Das »Apollo«-Mondlandungsprogramm wurde nicht zum Vorläufer eines fortgesetzten, immer ehrgeizigeren Programms bemannter Raumfahrt, sondern blieb eine flüchtige Episode, angetrieben vornehmlich von dem Drang, »die Sowjets zu schlagen«.

Die letzte Mondlandung fand 1972 statt. Von denen, die erheblich jünger als 35 Jahre sind, hat keiner eine Erinnerung daran, dass Menschen auf dem Mond wandelten. Für unsere jungen Mitbürger ist das »Apollo«-Programm eine ferne historische Episode: Sie wissen, dass die Amerikaner Menschen zum Mond schickten, so wie sie wissen, dass die Ägypter die Pyramiden bauten, doch die Motive scheinen im einen Fall fast so bizarr zu sein wie im anderen. Der 1995 gedrehte Film *Apollo 13*, ein Dokudrama mit Tom Hanks in der Hauptrolle, das die Beinahe-Katastrophe zeigte, die James Lovell und seinen Männern bei der Umrundung des Mondes widerfuhr, war für mich (und vermutlich für viele andere aus meinem Jahrgang) eine lebhafte Erinnerung an einen Vorfall, den wir damals mit angehaltenem Atem verfolgten. Doch jungen Zuschauern kamen die überholten technischen Geräte und die traditionellen »guten Werte« fast so antiquiert vor wie ein traditioneller Western.

Die praktische Begründung für den bemannten Raumflug war nie sehr stark, und mit jedem Fortschritt der Robotik und der Miniaturisierung wird sie schwächer. Die Nutzung des Weltraums für Kommunikation, Meteorologie und Navigation hat sich allmählich weiterentwickelt, wobei ihr die gleichen technischen Fortschritte zugute kamen, die uns hier auf der Erde Mobiltelefone und leistungsstarke Laptop-Computer beschert haben. Für die Raumforschung zu wissenschaftlichen Zwecken sind unbemannte Sonden besser geeignet (und billiger). In 25 Jahren werden miniaturisierte Robotersonden – »intelligente Maschinen« – in riesiger Zahl über das Sonnensystem verteilt sein; sie werden Bilder von Planeten, Monden, Kometen und Asteroiden zurückschicken, ermitteln, woraus sie bestehen, und aus den Rohstoffen, die sie dort finden, möglicherweise Geräte herstellen. Die langfristig denkbaren wirtschaftlichen Nutzungen des Alls werden eine Sache von Arbeitsrobotern sein, aber nicht von Menschen.

Aber wie steht es um die Zukunft des bemannten Raumflugs? Russische Kosmonauten verbrachten in den 1990er-Jahren Monate oder gar Jahre an Bord der immer klappriger werdenden Raumstation *Mir*, welche die Erde umkreiste. Nachdem sie ihre geplante Lebensdauer weit übertroffen hatte, beendete die *Mir* ihre Mission im Jahr 2001 mit einer letzten Wasserung im Pazifik. Ihre Nachfolgerin, die Internationale Raumstation (International Space Station – ISS), wird das kostspieligste Gerät sein, das je gebaut wurde, aber sie ist eine »Pleite« am Himmel. Selbst wenn sie einmal fertig werden sollte, was angesichts der riesigen und ständig steigenden Kosten und der langen Verzögerungen ungewiß erscheint, kann sie nichts tun, um ihren Preis zu rechtfertigen. Drei Jahrzehnte nachdem Menschen den Mond betraten, wird eine neue Generation von Astronauten wieder und wieder die Erde umrunden, mit größerem Komfort, als die *Mir* ihn bot, aber zu sehr viel höheren Kosten. Während ich dies schreibe, ist die Zahl der Astronauten an Bord auf drei zurückgenommen worden, aus

Gründen der Sicherheit und aus finanziellem Anlass: Sie werden mit »Haushaltsaufgaben« beschäftigt sein, sodass es noch unwahrscheinlicher wird, dass sich irgendjemand an Bord mit ernsthaften oder interessanten Projekten befassen könnte. Die ISS ist nämlich für die meisten wissenschaftlichen Untersuchungen ein ebenso ungeeigneter Standort, wie es ein Schiff für erdgestützte astronomische Untersuchungen wäre. Sogar in den Vereinigten Staaten war die wissenschaftliche Gemeinschaft entschieden gegen die ISS und gab ihre Kampagne dagegen erst auf, als die politische Entscheidung nicht mehr zurückzunehmen war. Ich finde es bedauerlich, dass man nicht auf sie hörte; es ist ein verschwenderisches politisches Versagen, dass man es nicht geschafft hat, die staatlichen Mittel denselben Raumfahrtfirmen zukommen zu lassen für andere Projekte, die entweder nützlich oder inspirierend gewesen wären. Die ISS ist weder das eine noch das andere.

Es gibt nur einen Grund, das Unternehmen ISS gutzuheißen: Wenn man glaubt, dass die Raumfahrt langfristig zur Routinesache wird, dann stellt dieses fortlaufende Programm sicher, dass die vierzig Jahre Erfahrung, welche die USA und die UdSSR im bemannten Raumflug gesammelt haben, nicht vergeudet sind.

Zu einem erneuten Aufschwung der bemannten Raumfahrt wird es erst nach technischen Änderungen und, was vielleicht noch wichtiger ist, Änderungen im Stil kommen. Die gegenwärtigen Startverfahren sind ebenso kostspielig, wie es die Luftfahrt wäre, wenn man das Flugzeug nach jedem Flug wieder aufbauen müsste. Erschwinglich wird der Raumflug erst werden, wenn seine Technologie eher der von Überschallflugzeugen ähnelt. Touristische Trips ins All werden dann vielleicht zur Routine werden. Der amerikanische Finanzier Dennis Tito und der südafrikanische Software-Magnat Mark Shuttleworth haben sich eine Woche in der internationalen Raumstation zwanzig Millionen Dollar kosten lassen. Es gibt eine Warteliste von anderen, die selbst bei diesem Preis gewillt sind, den beiden ersten »Weltraumtouristen« zu folgen; wenn die Tickets billiger würden, wären es weit mehr.

Langfristig werden Privatpersonen sich denn auch nicht auf die Rolle von Passagieren beschränken, die passiv die Erde umkreisen.

Wenn diese Art von Eskapade ihren Reiz verliert, weil sie allzu fade und alltäglich erscheint, werden einige sich nach weiteren Horizonten sehnen. Bemannte Expeditionen in die Tiefen des Alls könnten vollständig von Privatpersonen oder Konsortien finanziert werden, vielleicht sogar zur Sache von betuchten Abenteurern werden, die wie Testpiloten oder Antarktis-Erkunder bereit sind, hohe Risiken einzugehen, um kühn die äußersten Grenzen zu erkunden und einen Nervenkitzel zu erleben, wie große Yachten oder Erdumrundungen im Ballon ihn nicht vermitteln können. Das »Apollo«-Programm war ein staatlich finanziertes quasi-militärisches Unternehmen; künftige Expeditionen könnten einem ganz anderen Stil folgen. Sollten Hightech-Milliardäre wie Bill Gates oder Larry Ellison nach Herausforderungen suchen, damit ihr späteres Leben nicht wie ein Abstieg erscheint, könnten sie die erste Mondbasis oder gar eine Expedition zum Mars sponsern.

Die »billige« Route zum Mars

Falls die Marserkundung in den nächsten Jahren in Gang kommen sollte, könnte es sehr gut sein, dass sie dem Weg folgt, für den sich der amerikanische Ingenieur Robert Zubrin, ein Außenseiter, ausspricht.[2] Nachdem die NASA für eine Expedition entmutigende Kosten von über hundert Milliarden Dollar veranschlagt hatte, schlug Zubrin eine billigere »Mars-direkt«-Strategie vor, die ohne die internationale Raumstation auskommen würde. Er wollte eines der größten Probleme früherer Planungen vermeiden: die Notwendigkeit, auf der Hinreise den gesamten Treibstoff für die Rückreise mitzunehmen. In seinem Buch »Unternehmen Mars« regt er an, zunächst eine unbemannte Sonde zum Mars zu schicken, die den Treibstoff für den Rückweg herstellen wird. Sie soll eine chemische Fabrik, einen kleinen Atomreaktor und eine Rakete befördern, mit der die erste Forschergruppe zurückfliegen kann. Diese Rakete soll nicht voll betankt sein: Ihre Tanks wären mit reinem Wasserstoff gefüllt. Der Atomreaktor (gezogen von einem kleinen Traktor, der ebenfalls zur ersten Fracht gehören würde) würde dann Energie für die chemische Fabrik erzeugen, die mithilfe von Wasserstoff das Kohlendioxid der Marsatmosphäre in Methan und Wasser umwandeln würde. Das Wasser würde anschließend zerlegt, der Sauerstoff gespeichert und der Wasserstoff für die Herstellung von weiterem Methan recycelt. Der Treibstoff der Rückflugrakete bestünde dann aus Methan und Sauerstoff. Mit sechs Tonnen Wasserstoff ließen sich hundert Tonnen Methan herstellen, die für den Antrieb der Rückflugrakete ausreichen würden. (Ließe sich aus dem Permafrost, der sich nicht allzu tief unter der Oberfläche erstreckt, Wasser gewinnen, so könnte natürlich ein Teil dieses Prozesses umgangen werden.)

Zwei Jahre später würden ein zweites und drittes Raumfahrzeug gestartet.[3] Eines würde eine ähnliche Fracht wie das erste befördern, während sich in dem anderen die Mannschaft befände, zusammen mit Vorräten, die für einen Marsaufenthalt von bis zu zwei Jahren reichen würden. Das bemannte Fahrzeug würde auf einer schnelleren Bahn fliegen als das mit der Fracht. Die Mannschaft bräuchte daher erst dann (und nur dann) zu starten, wenn die Fracht sicher auf dem Weg wäre, aber sie könnte dennoch früher den Mars erreichen als die Fracht. Sollte sie aufgrund eines Missgeschicks weitab von dem beabsichtigten Landeplatz (wo sich der erste Teil der Fracht befindet) eintreffen, so wäre noch Zeit, das zweite Frachtfahrzeug zum tatsächlichen Ort der Ankunft umzuleiten, sodass die Mannschaft auf jeden Fall Vorräte hätte, gleichgültig, wo sie gelandet wäre. Nach Abschluss dieser Vorbereitungsmission könnten alle zwei Jahre ein oder mehr Fahrzeuge folgen und allmählich eine Infrastruktur aufbauen.

Wer würde sich nun bereitfinden, bei einer solchen Expedition mitzumachen? Vielleicht gibt es hier eine Parallele zur Erforschung der Erde, die von einer Vielzahl von Motiven angetrieben wurde. Die Forschungsreisenden, die im 15. und 16. Jahrhundert von Europa aufbrachen, hatten überwiegend Monarchen als Geldgeber, die hofften, dass diese Abenteurer exotische Waren heimbrachten oder neue Territorien besiedelten. Einige wurden wie Kapitän Cook, der im 18. Jahrhundert drei Expeditionen in die Südsee unternahm, vom Staat finanziert, weil es sich zumindest teilweise um ein wissenschaftliches Unternehmen handelte. Und für einige der ersten Forschungsreisenden – generell die kühnsten von allen – war das Unternehmen vor allem eine Herausforderung und ein Abenteuer – die Motivation heutiger Bergsteiger und Weltumsegler.

Die ersten Reisenden zum Mars oder die ersten Langzeitbewohner einer Mondbasis könnten von einem dieser Motive angetrieben sein. Die Risiken wären hoch, doch in Wahrheit würde kein Raumfahrer sich im gleichen Maße wie die großen terrestrischen Seefahrer ins Unbekannte hinauswagen. Diese frühen Seereisenden hatten weit weniger vorherige Kenntnisse von dem, was ihnen widerfahren konnte, und viele ließen dabei ihr Leben. Auch wären Raumfahrer nicht vom Kontakt mit Menschen abgeschnitten. Nachrichten würden zum Mars und von dort zurück zugegebenermaßen dreißig Minuten benötigen. Aber die Nachrichten, die traditionelle Forschungsreisende heimschickten, waren monatelang unterwegs; und einige, darunter Captain Scott und andere frühe Polarforscher, hatten überhaupt keinen Kontakt zur Heimat.

Der Einsatz bei der Erschließung neuer Welten ist hoch. Es scheint als Axiom zu gelten, dass alle zurückkehren sollten. Doch vielleicht wären die entschlossensten Pioniere bereit hinzunehmen, dass es kein Zurück geben wird, wie es zahlreiche Europäer aus freiem Entschluss waren, als sie in die Neue Welt aufbrachen. Man könnte viele finden, die sich für eine ruhmreiche und historische Sache opfern würden; durch Verzicht auf die Option, irgendwann heimzukehren, würden sie die Kosten drastisch senken, denn dann bräuchten kein Raketengehäuse und kein Wasserstoff für die Rückreise mitgenommen werden. Eine Basis auf dem Mars würde sich rascher entwickeln, wenn ihre Erbauer sich mit einem »One-way-Ticket« begnügten.

Von Futuristen und Weltraumenthusiasten wird oft verlangt, dass »die Menschheit« oder »die Nation« sich zu Taten aufraffen sollte. Tatsächlich begann die Raumforschung als ein quasi-militärisches, staatlich finanziertes Unternehmen. Diese Rhetorik passt jedoch nicht zur bemannten Weltraumeroberung im 21. Jahrhundert. Zu den meisten großen Neuerungen und Leistungen kam es nicht, weil sie ein nationales Ziel oder gar ein Ziel der Menschheit waren, sondern aus wirtschaftlichen Motiven oder schlicht aus persönlicher Besessenheit.

Das Unternehmen wird sehr viel billiger und ungefährlicher werden, wenn wir über effizientere Antriebssysteme verfügen. Um eine Tonne Nutzlast so zu beschleunigen, dass sie nicht mehr der Anziehungskraft der Erde unterliegt, sind gegenwärtig mehrere Tonnen chemischen Treibstoffs erforderlich.[4] Die Schwierigkeiten der Raumfahrt beruhen hauptsächlich darauf, dass die Flugbahn mit großer Präzision geplant werden muss, um den Treibstoffverbrauch zu minimieren. Doch angenommen, aus jedem Kilo Treibstoff ließe sich zehnmal so viel Schub gewinnen, könnte man den Kurs während des Fluges jederzeit ändern, so wie wir es tun, wenn wir eine kurvenreiche Straße entlangfahren. Ein Auto auf der Straße zu halten wäre ein Unternehmen von höchster Präzision, wenn der Kurs zuvor programmiert werden könnte, ohne dass man gezwungen wäre, ihn unterwegs zu ändern. Könnte man auf Energie und Treibstoff im Überfluss zurückgreifen, so wäre die Raumfahrt eine Übung, die fast keine Vorkenntnisse erforderte. Das Ziel (den Mond, den Mars oder einen Asteroiden) hat man klar vor Augen. Man braucht nur darauf zuzusteuern und am Ende der Reise die Bremsdüsen zu betätigen, um die Fahrt angemessen zu verlangsamen.

Welche neuen Antriebssysteme sich als die günstigsten erweisen, wissen wir noch nicht: Sonnen- und Atomenergie sind die beiden nahe liegenden Optionen für die nächste Zukunft.[5] Es wäre eine große Hilfe, wenn das Antriebssystem und der Treibstoff, die erforderlich sind, um die Erdanziehung zu überwinden, am Startplatz zurückbleiben könnten und nicht mitgeführt werden müssten. Eine denkbare Lösung sind ungeheuer starke erdgestützte Laser. Eine andere wäre ein Weltraumlift, ein aus Kohlenstofffaser bestehendes Kabel, das 35 000 Kilometer ins All hinaufreicht und dort von einem geostationären Satelliten gehalten würde. (Kohlenstoff-Nanoröhren haben eine hinreichende Zugfestigkeit. Sehr dünne »Garne« dieser Art von bis zu 30 Zentimeter Länge wurden bereits angefertigt[6]; die Aufgabe ist, Röhren von enormer Länge herzustellen oder Verfahren zu entwickeln, um viele zu einem Kabel zu verflechten, bei dem die Stärke der einzelnen Fasern erhalten bleibt.) Mit diesem »Lift« könnten Nutzlasten und Passagiere mit Energie, die vom Boden geliefert würde, aus dem Schwerefeld der Erde herausgehievt werden. Für den Rest der Reise würde eine Rakete mit geringem Schub (vielleicht mit Atomantrieb) genügen.

Ehe sich Menschen in die Tiefe des Alls hinauswagen, wird es nötig sein, das gesamte Sonnensystem zu kartieren und zu erkunden; das werden Flottillen von winzigen Roboter-Raumfahrzeugen besorgen, gesteuert von den immer leistungsstärkeren und weiter miniaturisierten »Prozessoren«, welche die Nanotechnologie bereitstellen wird. Vor einer bemannten Expedition zum Mars wird man die von Zubrin ins Auge gefassten Vorräte hinbringen müssen, vielleicht auch die Samen von Pflanzen, die für den Zweck geschaffen wurden, auf dem roten Planeten zu wachsen und sich zu vermehren. Freeman Dyson denkt an gentechnisch hergestellte »Designerbäume«, auf denen eine lichtdurchlässige Membran wächst, die um den einzelnen Baum herum wie ein Treibhaus funktioniert.

Es wurden gewaltsame Methoden vorgeschlagen, um die gesamte Oberfläche des Mars »erdförmig« und damit bewohnbarer zu machen. Sie könnte erwärmt werden durch die Einbringung von Treibhausgasen in die dünne Atmosphäre, indem man riesige Spiegel in einer Umlaufbahn platziert, um mehr Sonnenlicht auf die Pole zu lenken, oder indem man weite Flächen mit einer schwarzen Substanz bedeckt, die das Sonnenlicht absorbiert, beispielsweise Ruß oder gemahlenem Basalt. Es würde Jahrhunderte dauern, bis der Mars erdförmig geworden ist, doch innerhalb eines Jahrhunderts könnte es dort auf vereinzelten Stützpunkten eine Dauerpräsenz geben. Wenn dort erst einmal eine Infrastruktur vorhanden wäre, würden Hin- und Rückflüge billiger werden und könnten häufiger stattfinden.

Fragen der Umweltethik könnten eine große Rolle spielen. Wäre es annehmbar, den Mars in der gleichen Weise auszubeuten, wie es geschah, als die ersten Siedler in den Vereinigten Staaten nach Westen vordrangen (mit tragischen Folgen für die amerikanischen Ureinwohner)? Oder sollte er als eine natürliche Wüste erhalten werden wie die Antarktis? Die Antwort würde wohl davon abhängen, in welchem natürlichen Zustand der Mars sich gegenwärtig befindet. Sollte dort bereits Leben vorhanden sein, insbesondere Leben mit einer anderen DNA, was für eine eigenständige Entstehung spräche, die von den Lebensformen auf der Erde vollkommen unabhängig wäre, würde vielfach die Forderung erhoben, es möglichst unverschmutzt zu erhalten. Was tatsächlich geschehen könnte, würde vom Charakter der ersten Expeditionen abhängen. Sollten es staatliche (oder internationale) Expeditionen sein, wären Beschränkungen wie in der Antarktis vielleicht durchsetzbar. Wären die Forscher dagegen privat finanzierte Abenteurer mit unternehmerischen (oder gar anarchischen) Einstellungen, so würde sich wahrscheinlich das Modell des Wilden Westens durchsetzen, ob es uns gefällt oder nicht.

Tiefer ins All

Mond und Mars werden nicht die einzigen Ziele bleiben. Leben könnte sich schließlich auf Kometen und Asteroiden ausbreiten und diversifizieren, sogar in den kalten Außenbereichen des Sonnensystems: Die ungeheuer zahlreichen kleinen Himmelskörper im Sonnensystem haben zusammengenommen eine weit größere bewohnbare Oberfläche als die Planeten.

Eine Alternative bestünde darin, ein künstliches Habitat zu schaffen, das frei im Raum schwebt. Diese Option wurde schon in den 1970er-Jahren von Gerard O'Neill untersucht, einem Maschinenbauprofessor an der Universität Princeton.[7] Er dachte an ein Raumfahrzeug in Gestalt eines riesigen Zylinders, der sich langsam um seine Achse dreht. Die Insassen des Flugkörpers würden ihr Leben an der Innenseite seiner Wände verbringen, festgehalten durch die künstliche Schwerkraft, die durch die Rotation erzeugt würde. Die Zylinder würden groß genug sein, um eine

Atmosphäre zu haben, vielleicht sogar Wolken und Regen, und sie könnten zehntausende Menschen beherbergen in einer Umwelt, die auf O'Neills wohl etwas fantastischen Skizzen an eine durchgrünte Vorstadt Kaliforniens erinnert. Das Material für den Bau dieser gigantischen Gebilde müsste auf dem Mond oder auf Asteroiden »abgebaut« werden. O'Neill wies zutreffend darauf hin, dass der Bau von künstlichen Raumplattformen in sehr großem Stil möglich wird, wenn erst einmal Großprojekte im All von Robotern ausgeführt werden können und dabei Rohstoffe zur Anwendung gelangen, die nicht mehr von der Erde hinaufbefördert werden müssen.

Die von O'Neill entworfenen Szenarien mögen irgendwann im Bereich des technisch Machbaren liegen, aber unter soziologischem Aspekt bleiben sie unwahrscheinlich. Mit einem einzigen Sabotageakt könnte man ein solch fragiles Gebilde leichter treffen als integrierte Gemeinschaften unten auf der Erde. Robustere Chancen des Überlebens und der Entwicklung böte eine Vielzahl verteilter, kleinerer Habitate.

In der zweiten Hälfte des 21. Jahrhunderts könnten hunderte Menschen in Mondbasen leben, so wie es sie jetzt am Südpol gibt; eine Hand voll Pioniere könnte bereits den Mars oder kleine künstliche Habitate besiedelt haben, die das Sonnensystem durchkreuzen und an Asteroiden oder Kometen festmachen. Der Weltraum wird außerdem voller Roboter und intelligenter »Fabrikatoren« sein, die von Asteroiden abgebaute Rohstoffe verwenden, um Strukturen von ständig wachsender Größe zu bauen. Ich spreche mich nicht ausdrücklich für diese Entwicklungen aus, aber gleichwohl scheinen sie sowohl unter technischem wie unter soziologischem Aspekt plausibel zu sein.

Die ferne Zukunft

Wenn wir unseren Blick noch weiter voraus auf künftige Jahrhunderte richten, könnten wir im gesamten Sonnensystem Roboter und Fabrikatoren erspähen. Ob wir in dieser Diaspora auch

Menschen antreffen werden, ist nicht so leicht vorherzusagen.[8] Wenn ja, würde es sich um Gemeinschaften handeln, die von der Erde völlig unabhängig sind. Durch keinerlei gesetzliche Regulierungen gehemmt, würden einige sicherlich die ganze Bandbreite genetischer Verfahren nutzen und sich in neue Arten aufspalten. (Die Beschränkung, die aus der mangelnden genetischen Vielfalt in kleinen Gruppen erwächst, ließe sich durch künstlich herbeigeführte Variationen des Genoms überwinden.) Die unterschiedlichen physischen Bedingungen, die auf dem Mars, im Asteroidengürtel und in den noch kälteren Außenbereichen des Sonnensystems ganz verschieden sind, würden der biologischen Diversifikation einen zusätzlichen Anstoß geben.

Entgegen der häufig geäußerten gegenteiligen Ansicht bieten die Weiten des Alls kaum Aussicht auf eine Lösung des Rohstoff- und des Bevölkerungsproblems auf der Erde: Diese müssen hier unten gelöst werden, sofern sich das zweite Problem nicht ohnehin durch einen der verheerenden Rückschläge für die irdische Zivilisation erledigt, die in früheren Kapiteln erörtert wurden. Die Populationen im All könnten schließlich exponentiell wachsen, aber weniger durch »Auswanderung« von der Erde als vielmehr durch ein eigenständiges Wachstum. Diejenigen, die ins All hinausgehen, werden von einem Forscherdrang getrieben sein. Ihre Entscheidungen werden jedoch epochale Folgen haben. Ist erst einmal die Schwelle zu einem sich selbst erhaltenden Ausmaß an Leben im All überschritten, so wird die langfristige Zukunft des Lebens ungeachtet aller Risiken auf der Erde gesichert sein (wenn wir von der einen Ausnahme der katastrophalen Zerstörung des Raums überhaupt absehen). Wird es dazu kommen, bevor unsere technische Zivilisation zerfällt und dies zu einem unerfüllten Zukunftstraum macht? Werden die unabhängigen Weltraumsiedlungen entstehen, bevor eine Katastrophe die Aussicht auf ein solches Unternehmen zurückwirft oder gar für immer vereitelt? Wir leben in einer Zeit, die nicht nur für unsere Erde, sondern auch für den Kosmos insgesamt von entscheidender Bedeutung sein könnte.

Die Wesen, die innerhalb weniger hundert Jahre Orte in unserem Sonnensystem besetzen könnten, wären alle erkennbar humanoid, doch würden sie wohl ergänzt (und an den unwirtlichsten Orten zahlenmäßig vermutlich weit übertroffen) durch Roboter mit menschlicher Intelligenz. Reisen über das Sonnensystem hinaus durch den interstellaren Raum wären jedoch, wenn es jemals dazu kommen sollte, eine posthumane Herausforderung. Zunächst würde man Robotersonden hinausschicken. Die Reise würde sich über viele Menschengenerationen hinziehen und nur bewältigt werden können von einer unabhängigen Gemeinschaft oder einer lebenden Intelligenz im künstlich herbeigeführten Scheintod. Als Alternative könnte man genetisches Material oder auf anorganischen Trägermedien gespeicherte Blaupausen mit Miniatur-Raumfahrzeugen in den Kosmos entsenden. Diese könnten so programmiert sein, dass sie auf viel versprechenden Planeten landen und Kopien von sich herstellen, womit sie eine Ausbreitung in der gesamten Galaxis in Gang setzen würden. Denkbar ist sogar, dass »verschlüsselte« Informationen per Laser übertragen werden (eine Art von »Raumfahrt« mit Lichtgeschwindigkeit) und auf diese Weise die Herstellung von Artefakten oder die »Aussaat« von lebenden Organismen an günstigen Orten ausgelöst wird. Solche Konzepte stellen uns vor tief greifende Fragen bezüglich der Grenzen der Informationsspeicherung und der philosophischen Implikationen der Identität.

Dies wäre ein ebenso Epoche machender evolutionärer Übergang wie der, der zu landlebenden Wesen auf der Erde führte. Gleichwohl könnte er lediglich der Anfang einer kosmischen Evolution sein.

Eine Gigajahr-Perspektive

Ein abgedroschener Witz unter Astronomiedozenten geht so: Ein besorgter Hörer stellt die Frage: »Wie lange, sagten Sie, wird es dauern, bis die Sonne die Erde verbrennt?« Auf die Antwort »sechs Milliarden Jahre« reagiert der Fragesteller erleichtert: »Gott sei Dank, ich meinte, Sie hätten sechs Millionen gesagt.« Was in weit entrückten Äonen geschieht, mag uns vollkommen unwesentlich für die praktischen Fragen des Lebens erscheinen. Ich denke jedoch, dass der kosmische Kontext für die Art und Weise, wie wir unsere Erde und das Schicksal der Menschen wahrnehmen, nicht gänzlich bedeutungslos ist.

Der namhafte Biologe Christian de Duve zeichnet das folgende Bild: »Der Baum des Lebens könnte das Doppelte seiner gegenwärtigen Höhe erreichen. Das könnte durch weiteres Wachstum des menschlichen Zweiges geschehen, aber so muss es nicht kommen. Die Zeit ist so reichlich bemessen, dass andere Zweige knospen und wachsen können, bis sie schließlich eine Höhe erreichen, die jene des Zweiges, auf dem wir sitzen, weit überragt, während der menschliche Zweig verkümmert. ... Was geschehen wird, hängt in einem gewissen Umfang von uns ab, da wir jetzt die Macht haben, auf die Zukunft des Lebens und der Menschheit auf der Erde entscheidenden Einfluss zu nehmen.«[9]

Darwin selbst bemerkte, dass »keine heute lebende Art ihr Bild unverändert an eine ferne Zukunft weitergeben wird«. Es könnte geschehen, dass unsere Art sich auf dem Umweg über intelligent gesteuerte Modifikationen – und nicht nur durch natürliche Auslese – rascher verändert und diversifiziert als jede frühere. Lange bevor die Sonne das Antlitz der Erde endgültig blank leckt, könnte eine wimmelnde Vielfalt von Lebewesen und ihren Artefakten sich weit über ihren Heimatplaneten hinaus ausgebreitet haben, sofern wir eine irreversible Katastrophe vermeiden, ehe dieser Prozess auch nur beginnen kann. Sie könnten einer nahezu unbegrenzten Zukunft erwartungsvoll entgegensehen.[10] Wurmlöcher, zusätzliche Dimensionen und Quantencomputer eröffnen theoretische Entwicklungen, die unser ganzes Universum schließlich in einen »lebendigen Kosmos« verwandeln könnten.

Im Silur, vor über 300 Millionen Jahren, krochen die ersten Wasserlebewesen auf das trockene Land. Wären sie dort zugrunde gegangen, hätte die Evolution der terrestrischen Fauna möglicherweise nie stattgefunden. Auch das posthumane Entwicklungspotenzial ist derart unermesslich, dass nicht einmal der größte Misanthrop unter uns es guthieße, wenn es durch menschliches Handeln verhindert würde.

14. Epilog

In der westlichen Kulturtradition hatte die Geschichte einen Anfang und ein Ende, doch die Zeit dazwischen sah man begrenzt auf einige tausend Jahre. (An der Genauigkeit der berühmten Datierung des Erzbischofs von Armagh, James Ussher, der die Erschaffung der Welt auf den Nachmittag des 22. Oktober 4004 v. Chr., eines Samstags, verlegte, wurden jedoch vielfach Zweifel geäußert.[1]) Überdies war man weithin der Ansicht, die Geschichte sei in ihr letztes Jahrtausend eingetreten. Für Sir Thomas Browne, einen Essayisten des 17. Jahrhunderts, »scheint die Welt zu Ende zu gehen. Der abgelaufene Teil der Zeit ist größer als der künftige.«

Nach Usshers Auffassung lag nur eine Woche zwischen der Erschaffung der Welt und der Erschaffung der Menschheit; nach unserer modernen Auffassung waren die beiden Ereignisse durch eine unvorstellbar große Zeitspanne voneinander getrennt. Die unermessliche Zeit, in der es uns nicht gab, starrt uns mit ihren Zeugnissen aus jedem Gestein entgegen. Die Evolution der Biosphäre der Erde lässt sich mittlerweile auf mehrere Milliarden Jahre datieren, und die Zukunft unseres physikalischen Universums wird auf eine noch längere Zeitspanne geschätzt, vielleicht ist sie sogar ohne Ende. Doch mögen sich die Horizonte in Vergangenheit und Zukunft auch geweitet haben – ein Zeitraum ist jedenfalls geschrumpft: Die Schätzungen für den Fortbestand unserer Zivilisation, bevor sie zerfällt, zusammenbricht oder gar einer vernichtenden Apokalypse erliegt, sind kürzer, als sie noch von unseren Vorfahren taxiert wurden, die hingebungsvoll Steine zu Kathedralen fügten, deren Vollendung sie selbst nicht zu erleben hofften. Die Erde selbst mag weiterbestehen, doch nicht mehr die Menschen werden Zeugen sein, wenn unser Planet von der sterbenden Sonne versengt wird, und vielleicht werden sie nicht einmal mehr den Zeitpunkt erleben, da die Ressourcen unseres Heimatplaneten erschöpft sein werden.

Würde man den gesamten Lebenszyklus unseres Sonnensystems von seiner Geburt in einer kosmischen Wolke bis zu seinem Todeskampf im letzten Aufflackern der Sonne im Zeitraffer auf ein Jahr komprimieren, so würde die ganze uns bekannte Menschheitsgeschichte auf weniger als eine Minute Anfang Juni zusammenschnurren. Das 20. Jahrhundert würde in weniger als einer Drittelsekunde vorüberhuschen. Der dann in dieser Darstellung folgende Sekundenbruchteil wird »kritisch« sein: Im 21. Jahrhundert wird sich die Menschheit stärker als je zuvor der Gefährdung durch Missbrauch der Wissenschaft ausgesetzt sehen. Und die durch kollektives Handeln der Menschen erzeugten Belastungen der Umwelt könnten Katastrophen auslösen, die bedrohlicher sind als alle Naturkatastrophen.

Mehrere Jahrzehnte lang waren wir von einem atomaren Holocaust bedroht. Ihm sind wir entronnen, doch unser Überleben verdankte sich offenbar ebenso sehr wie an sich günstigen Chancen schierem Glück. Überdies sind durch aktuelle Erkenntnisse (besonders in der Biologie) nichtatomare Gefährdungen entstanden, die uns für das nächste halbe Jahrhundert noch Schlimmeres verheißen. Atomwaffen verschaffen dem angreifenden Land einen verheerenden Vorteil gegenüber jeder denkbaren Abwehr. Neue Wissenschaften werden in Kürze kleinen Gruppen, ja sogar Individuen einen ähnlichen Machtvorteil gegenüber der Gesellschaft verschaffen. Unsere zunehmend vernetzte Welt ist anfällig für neue Risiken, seien es »Bio«- oder »Cyber«-Gefahren, die aus Terror oder Irrtum erwachsen. Auszuschalten sind diese Risiken nicht; es wird schon schwierig sein, ihr Anwachsen zu verhindern, ohne in lieb gewordene persönliche Freiheiten einzugreifen.

Die Vorteile, welche sich mit der Biotechnologie auftun, sind offenkundig, sie müssen aber abgewogen werden gegen die mit ihnen verbundenen Gefahren und ethischen Bedenken. Auch bei der Robotik und der Nanotechnologie wird man abwägen müssen, denn sie könnten bei missbräuchlicher Anwendung desaströse oder sogar unkontrollierbare Folgen haben. Experimentatoren sollten die Grenzen der Wissenschaft nur behutsam vorantreiben; selbst wenn gute Gründe dafür sprechen, bestimmte Forschungen zu bremsen, muss doch immer mitbedacht werden, dass eine wirksame weltweite Durchsetzung eines Moratoriums nicht möglich ist.

Weder spekulativen Denkern wie H. G. Wells noch seinen wissenschaftlichen Zeitgenossen war bei der Vorhersage der Glanzpunkte der Wissenschaft des 20. Jahrhunderts sonderlicher Erfolg beschieden. Noch weniger vorhersagbar ist das gegenwärtige Jahrhundert, weil es möglich ist, dass der menschliche Intellekt verändert oder verstärkt wird. Mit gänzlich unvermuteten neuen Fortschritten können aber auch neue Gefahren entstehen. Den Wissenschaftlern selbst kommt eine besondere Verantwortung zu; sie sollten darauf achten, auf welche Weise ihre Arbeit genutzt werden kann, und alles in ihrer Macht Stehende tun, um die Öffentlichkeit vor potenziellen Gefahren zu warnen.

Eine wichtige Aufgabe wird sein, die Natur des Lebens zu verstehen – wie es begann und ob es Leben außerhalb der Erde gibt. (Auf jeden Fall gibt es keine wissenschaftliche Frage, deren Beantwortung ich persönlich mir sehnlicher wünschte.) Man wird vielleicht auf außerirdisches Leben stoßen, selbst die Entdeckung außerirdischer Intelligenz ist vorstellbar. Unser Planet könnte einer von Millionen bewohnter Planeten sein; wir sind möglicherweise in einem uns freundlich gesinnten Universum beheimatet, das bereits von Leben wimmelt. In diesem Fall würden die epochalsten Geschehnisse auf der Erde, sogar unser völliges Erlöschen, kaum als ein kosmisches Ereignis gelten können. Thomas Wright of Durham, ein Astronom und Mystiker des 18. Jahrhunderts, drückte das auf seine altmodische Weise folgendermaßen aus: »In dieser großen himmlischen Schöpfung mag die Katastrophe einer Welt wie der unseren, ja sogar die völlige Auflösung eines Systems von Welten für den großen Urheber der Natur nicht mehr sein als der gewöhnlichste Unfall im Leben bei uns, und aller Wahrscheinlichkeit nach mag ein solch endgültiger und allgemeiner Untergang dort ebenso häufig sein wie Geburtstage oder Sterblichkeit bei uns auf dieser Erde.«[2]

Es könnte sich jedoch herausstellen, dass die Entstehung von Leben überaus unwahrscheinlich ist, sodass unsere Biosphäre sich als der einzige Aufenthaltsort von intelligentem und seiner selbst bewusstem Leben in unserer Galaxis erweist. Das Schicksal unserer kleinen Erde hätte dann eine wahrhaft kosmische Bedeutung, eine Bedeutung, die durch die ganze »himmlische Schöpfung« des Thomas Wright widerhallen würde.

Unsere vorrangigen Sorgen gelten natürlich dem Schicksal unserer gegenwärtigen Generation und der Verringerung der Gefahren, die uns bedrohen. Doch für mich und vielleicht auch für andere (besonders diejenigen ohne religiöse Überzeugung) stärkt eine kosmische Betrachtungsweise das Gebot, diesen »blassblauen Punkt« im Kosmos zu lieben. Sie sollte außerdem Anlass sein zu einer umsichtigen Haltung gegenüber technischen Neuerungen auch dann, wenn die Gefahr einer katastrophalen Kehrseite gering erscheint.

Thema dieses Buches ist, dass die Menschheit stärker als je zuvor in ihrer Geschichte gefährdet ist. Der Kosmos im Ganzen hat möglicherweise eine unendliche Zukunft. Aber werden diese endlosen Zeitspannen von Leben erfüllt sein, oder werden sie so leer sein wie die toten Meere aus den Anfängen der Erde? Die Entscheidung könnte von uns abhängen – in diesem Jahrhundert.

Anmerkungen

Kapitel 1

1 Nach dem Film *Dr. Seltsam oder Wie ich lernte, die Bombe zu lieben* von Stanley Kubrick mit Peter Sellers als einem der Hauptdarsteller.
2 Der bedeutendste Nuklearstratege war Herman Kahn, Autor von »*On Thermonuclear War*«. Princeton University Press 1960.
3 Gregory Benford: »*Deep Time*«. Avon Books, New York 1999.
4 F. P. Ramsey: »*Foundations of Mathematics and other Logical Essays*«. Posthum 1931 erschienen. Kegan Paul/Trench and Trubner, London, S. 291. Deutsch: »*Grundlagen – Abhandlungen zur Philosophie, Logik, Mathematik und Wirtschaftswissenschaft*«. Frommann-Holzboog, Stuttgart-Bad Cannstatt 1980.
5 Für eine ausführlichere Darstellung der Geschichte des Kosmos siehe mein Buch »*Our Cosmic Habitat*«. Princeton University Press und Phoenix Paperback 2003.

Kapitel 2

1 Der Vortrag, den H. G. Wells am 24. Januar 1902 vor der Royal Institution hielt, wurde, was ungewöhnlich war, in der Zeitschrift *Nature* in voller Länge abgedruckt. Der Programmzettel bezeichnete den Referenten als »H.G. Wells, B Sc« [Bachelor of Science]: Dieser war überaus stolz auf den akademischen Grad, den er durch ein Fernstudium an der Universität London erlangt hatte.
2 Lee Silver: »*Das geklonte Paradies – Künstliche Zeugung und Lebensdesign im neuen Jahrtausend*«. Droemer, München 1998.
3 Die Studie wird von C. H. Townes, dem Miterfinder des Masers, in seinem Buch »*Making Waves*« (Springer-Verlag, New York 1994) beschrieben und auf bemerkenswerte Weise kritisiert.
4 Wissenschaft und Technologie sind jetzt in eine komplexe Symbiose ein-

getreten, die es vor hundert Jahren noch nicht gab: Die Forschung stößt Anwendungen an, und neue Verfahren und Instrumente geben der wissenschaftlichen Entdeckung Auftrieb.
5 Ray Kurzweil: »*The Age of Spiritual Machines*«. Viking Press, New York 1999.
6 Ein vielversprechendes Verfahren, das Elektroingenieure von der Universität Princeton vorgeschlagen haben, besteht darin, das gewünschte Muster auf ein Stück Quarz zu gravieren, eine Siliziumschicht darüber zu legen und dann die Teile des Siliziums, die mit der Quarzform Kontakt haben, durch einen Laser zum Schmelzen zu bringen.
7 Einen aktuellen Überblick über die Aussichten der Nanotechnologie in absehbarer Zeit gibt Douglas Mulhall in: »*Our Molecular Future*«. Prometheus Books 2002.
8 Hans Moravec: »*Mind Children – Der Wettlauf zwischen menschlicher und künstlicher Intelligenz*«. Hoffmann und Campe, Hamburg 1990.
9 John Sulston in H. Swain (Hrsg.): »*Big Questions in Science*«. Jonathan Cape, London 2002, S.159–163.
10 Vernon Vinges Artikel über die »Singularität« erschien im Magazin *Whole Earth* (1993).
11 Freeman Dyson: »*Die Sonne, das Genom und das Internet – Wissenschaftliche Innovation und die Technologien der Zukunft*«. S. Fischer, Frankfurt/Main 2000.
12 Stewart Brand: »*The Clock of the Long Now*«. Basic Books, New York/Orion Books, London 1999.
13 Walter M. Miller jr.: »*Lobgesang auf Leibowitz*«. Von Schröder, Hamburg/Düsseldorf 1971 (Erstveröffentlichung 1960).
14 James Lovelock wird zitiert von Stewart Brand in: »*The Clock of the Long Now*« (siehe Anm. 12).

Kapitel 3

1 Die Schätzung stammt aus Zbigniew Brzezinski: »*Macht und Moral – Neue Werte für die Weltpolitik*«. Hoffmann und Campe, Hamburg 1994. Diese Zahl wird gestützt von Eric Hobsbawm: »*Das Zeitalter der Extreme – Weltgeschichte des 20. Jahrhunderts*«. Hanser, München/Wien 1995.
2 Die Äußerungen von Arthur M. Schlesinger jr. wurden zitiert im Bericht der *New York Times* vom 12. Oktober 2002 über eine Konferenz, die am 40. Jahrestag der Kubakrise stattfand. Bisher unbekannte Tatsachen, die hier zur Sprache kamen, zeigten, dass die Welt näher am Abgrund gestanden hatte, als der Öffentlichkeit bis dahin bewusst war. Während der Krise wurde ein sowjetisches U-Boot von einem amerikanischen Kriegsschiff mit Wasserbomben angegriffen. Es hatte einen Torpedo mit Atomsprengkopf an Bord, der mit Zustimmung dreier Offiziere hätte gestartet

werden können. Wassili Archipow, ein junger Offizier, widerstand glücklicherweise dem Druck, den Torpedo abzuschießen, und vermied dadurch eine Eskalation, die durchaus hätte außer Kontrolle geraten können.
3 Das Interview, das Jonathan Schell mit Robert McNamara führte, wurde in *The Nation* veröffentlicht.
4 Heute erscheint das *Bulletin of Atomic Scientists* zweimonatlich, hrsg. von der Foundation for Nuclear Science in Chicago (http://www.thebulletin.org).
5 McNamara wird zitiert von Solly Zuckerman in: »*Nuclear Illusions and Reality*«. Collins, London 1982.
6 Das Konzept des nuklearen Winters wurde 1983 in einer Studie vorgetragen, deren Autoren R. P. Turco, O. B. Toon, T. P. Ackerman, J. B. Pollack und C. Sagan waren (abgekürzt als TTAPS). In der Folgezeit stritt man sich über die quantitativen Details, die davon abhingen, wie viel Rauch und Ruß freigesetzt würden und wie lange sie in der Atmosphäre bleiben würden.
7 Solly Zuckerman: »*Nuclear Illusions and Reality*« (siehe Anm. 5). Die Zitate stammen von den Seiten 103 und 107.
8 R. L. Garwin/G. Charpak: »*Megatons and Megawatts*«. Random House, New York 2002.
9 »Technical Issues Related to the Comprehensive Nuclear Test Ban Treaty«: Bericht des Komitees für internationale Sicherheit und Rüstungsbeschränkung, National Academy of Sciences, erschienen im Jahr 2002.
10 Informationen über die Pugwash-Konferenzen und ihre Geschichte erhält man unter http://www.pugwash.org/. Der Name des unbekannten Dorfes, nach dem die Konferenzen benannt wurden, weckte in Großbritannien verkehrte Assoziationen, denn »Captain Pugwash« war eine bekannte Zeichentrickfigur im Kinderfernsehen.
11 Hans Bethe veröffentlichte seinen Appell in der *New York Review of Books*.
12 Das Russell-Einstein-Manifest wurde kürzlich mit einem Kommentar von der Pugwash-Organisation nachgedruckt.
13 Die Canberra Commission zur Abschaffung der Atomwaffen legte der australischen Regierung ihren Bericht im Jahr 1997 vor. Außer den im Text Genannten gehörten ihr an: General Lee Butler, der ehemalige Befehlshaber des U.S. Strategic Air Command, und ein hochrangiger britischer Soldat, Feldmarschall Carver.
14 Für eine eingehende Darstellung siehe Gregg Herken: »*Brotherhood of the Bomb – The Tangled Lives and Loyalties of Robert Oppenheimer, Ernest Lawrence and Edward Teller*«. Henry Holt, New York 2002.

Kapitel 4

1. Tom Clancy ist bekannt dafür, dass die Handlungen seiner Romane ein Stück Zukunft vorwegnehmen und in den technischen Einzelheiten stimmen. In seinem früheren Roman »Ehrenschuld« steuert der Pilot ein Zivilflugzeug als Waffe auf das Kapitol in Washington.
2. Luis Alvarez wird zitiert auf der Webseite des Nuclear Control Institute, Washington, D.C.
3. Dieses Szenario und damit zusammenhängende Dinge werden erörtert in G. T. Allison (Hrsg.): »Avoiding Nuclear Anarchy« (BCSIA Studies in International Security, 1996).
4. James Wolsey sprach in einer Anhörung des amerikanischen Senats im Februar 1993.
5. Einen knappen Überblick über diese Risiken (mit Literaturverzeichnis) gibt »Nuclear Power Plants and Their Fuel as Terrorist Targets« von D. M. Chaplin und 18 Koautoren in: Science 297, S. 997–998, 2002. Richard Garwin behauptete anschließend, hier seien die Risiken heruntergespielt worden; seriöser sei die Darstellung in einem Bericht der Nationalen Akademie der Wissenschaften.
6. Ken Alibek/Stephen Handelman: »Direktorium 15 – Russlands Geheimpläne für den biologischen Krieg«. Econ, München 1999.
7. Fred Ikle, März 1997, zitiert in Philip Bobbitt: »The Shield of Achilles«. Penguin, New York/London 2002.
8. Eine Zusammenfassung der Jason-Studie über biologische Gefahren gab Steven Koonin, Rektor des California Institute of Technology und Vorsitzender der Jason-Gruppe, in Engineering and Science, 64[3–4] (2001).
9. Die Übung »Dark Winter« wurde durchgeführt vom Johns Hopkins Center for Civilian Biodefense Strategies in Zusammenarbeit mit dem Center for Strategic and International Studies (CSIS), dem Analytic Services (ANSER) Institute for Homeland Security und dem Oklahoma National Memorial Institute for the Prevention of Terrorism.
10. »Making the Nation Safer – The Role of Science and Technology in Countering Terrorism«. National Academy Press 2002.
11. George Poste in: Prospect (Mai 2002).
12. J. Cello, A. V. Paul und E. Wimmer in: Science 207, S. 1016 (2002).
13. Eine US-amerikanische Firma namens Morphotek erhöhte die Mutationsrate dadurch, dass sie in Tiere, Pflanzen oder Bakterien ein Gen namens PMS2-134 einführte, eine defekte Version eines Gens, das für die DNA-Reparatur verantwortlich ist.
14. Über das Projekt von Craig Venter wurde eingehend berichtet, beispielsweise von Clive Cookson in der Financial Times vom 30. September 2002.
15. Der Bericht über die Experimente von Ron Jackson und Ian Ramshaw erschien im Journal of Virology (Februar 2001).
16. In »Superpox – Tödliche Viren aus den Geheimlabors« (Econ, München

2003) berichtet Richard Preston über die Versuche von Mark Buller und Kollegen an der St. Louis School of Medicine, die australischen Resultate zu reproduzieren. Sie kamen zu übereinstimmenden Ergebnissen, außer dass einige der kurz zuvor geimpften Mäuse auch gegen das modifizierte Mauspockenvirus immun blieben.

17 Eric Drexler: »*Engines of Creation*«. Anchor Books, New York 1986.
18 Die Virulenz und die Schnelligkeit der Ausbreitung haben Grenzen, aber diese sind sehr verschwommen und alles andere als beruhigend. Robert A. Freitas kommt in einem Aufsatz mit dem Titel »Some limits to global ecophagy by biovorous nanoreplicators« zu dem Schluss, dass die Replikationszeit möglicherweise nur hundert Sekunden betragen könnte.
19 Außerdem kann man erwidern, dass ein evolutionär erfolgreicher Organismus einfach nicht seine Lebenswelt zerstören darf, sondern eine Symbiose mit ihr aufrechterhalten muss.

Kapitel 5

1 Der Inhalt der nicht mehr vorhandenen Webseite der »Heaven's-Gate«-Sekte ist jetzt unter http://www.wave.net/upg/gate/heavensgate.html archiviert.
2 Cass Susstein: »*republic.com*«. Princeton University Press 2001.
3 Eine Buchreihe, welche die apokalyptische Zeit schildert – die »Left-Behind«-Serie –, führte in den Vereinigten Staaten die Bestsellerlisten an.
4 David Brin: »*The Transparent Society*«. Addison-Wesley, New York 1998.
5 Nach einer Meldung des *Economist* (20./27. Dezember 2002) haben über zwei Milliarden Menschen in den Entwicklungsländern Zugang zum Satellitenfernsehen. Im Land produzierte Sendungen werden zunehmend bevorzugt, doch am beliebtesten ist in mehreren Ländern (darunter ironischerweise der Iran) die Fernsehserie »Baywatch«.
6 Francis Fukuyama: »*Das Ende des Menschen*«. Deutsche Verlags-Anstalt, Stuttgart/München 2002.
7 Steve Blooms Artikel findet sich in der Ausgabe des *New Scientist* vom 10. Oktober 2002.
8 B. F. Skinner: »*Jenseits von Freiheit und Würde*«. Rowohlt, Reinbek 1973.
9 Philip K. Dick: Die Vorlage für »Minority Report« ist in seiner Sammlung von Kurzgeschichten enthalten.
10 Stewart Brand in: »*The Clock of the Long Now*«. Siehe Kap. 2, Anm. 12.

Kapitel 6

1 Die langfristigen Wetten wurden im Mai 2002 in der Zeitschrift *Wired* veröffentlicht.

2 Siehe die weitere Diskussion fundamentaler Theorien in Kapitel 11.
3 Steven Austad und Jay Olshansky haben darüber eine Wette abgeschlossen mit einem so hohen Einsatz, dass die Erben des Gewinners im Jahr 2150 bis zu 500 Millionen Dollar einstreichen könnten.
4 »The Hidden Cost of Saying No« von Freeman Dyson erschien im *Bulletin of the Atomic Scientists*, Juli 1975, und wurde wieder abgedruckt in »*Imagined Worlds*«, Penguin 1985.
5 H. G. Wells: »*Die Insel des Dr. Moreau*«, erschienen 1896; hier zitiert nach »*Die Zeitmaschine u.a. Romane*«. Lizenzausgabe der Paul Zsolnay Verlag GmbH für die Deutsche Buch-Gemeinschaft, 1985, S. 700.
6 Erklärung von Asilomar: Siehe die Diskussion in H. F. Judson: »*The Eighth Day of Creation*« (1979).
7 Die nachträglichen Urteile mehrerer Asilomar-Teilnehmer werden wiedergegeben in »Reconsidering Asilomar«. *The Scientist* 14[7]:15 (3. April 2000).
8 Es gibt jedoch zwei Problemstellungen, bei denen man auf Fachleute hören sollte: Erstens können sie am besten beurteilen, ob ein Problem lösbar ist oder nicht. Manche Probleme sind, so wichtig sie auch sein mögen, noch nicht reif, um frontal angegangen zu werden, und deshalb wäre es verkehrt, Geld für sie zu vergeuden. Präsident Nixons Initiative für einen »Krieg gegen den Krebs« war verfrüht. Damals war es besser, auf die unspezialisierte Grundlagenforschung zu setzen. Zweitens sagen Wissenschaftler, dass eine ungezielte Forschung möglicherweise am produktivsten sei, nicht nur aus dem Grund, dass sie sich am liebsten von ihrer Neugier leiten lassen. Das kann sogar aus einer ganz praktischen Sicht richtig sein: Dreißig Jahre nach Nixons Programm ist eine der größten Herausforderungen in der Krebsforschung noch immer die grundlegende Aufgabe, die Zellteilung auf der molekularen Ebene zu verstehen.
9 Zwischen den 1970er-Jahren und heute hat sich eine interessante Veränderung vollzogen. Früher wurden die modernsten Geräte vom Militär entwickelt und dann für wissenschaftliche Zwecke adaptiert. Heute wird der Stand der Technik vielfach vom Massenmarkt der Konsumelektronik (Digitalkameras, Software und Konsolen für Computerspiele) gesetzt.
10 Der Spender John Sparling, Gründer der Universität Phoenix, bekam seinen Ersatzhund nicht, doch klonte die Forschergruppe im März 2002 erstmals eine Katze.
11 Diese Offenheit sollte sich natürlich nicht auf jene erstrecken, die gar nicht studieren wollen, sondern sich nur als Studenten tarnen, um in Universitätslabors Zugang zu Krankeitserregern zu erhalten.
12 Die Geschichte von der kalten Fusion wird nacherzählt in Frank Close: »*Das heiße Rennen um die kalte Fusion*«. Birkhäuser, Basel/Boston/Berlin 1992.
13 Der Aufsatz von Taleyarkhan steht in *Science* 295, S. 1868 (2002).
14 Offenheit wird dann keine Garantie für eine vielfältige und effektive Nach-

prüfung bieten, wenn die wissenschaftlichen Fakten von einer bedeutenden (oder vielleicht einer einzigen) Einrichtung kommen, beispielsweise einem Raumfahrzeug oder einem riesigen Teilchenbeschleuniger. In solchen Fällen muss die interne Qualitätskontrolle innerhalb der (vermutlich zahlreichen und intellektuell unterschiedlich ausgerichteten) Forschergruppe für die Nachprüfung sorgen.
15 Bill Joy, »Why the Future Doesn't Need Us«, war die Titelgeschichte in der April-2000-Ausgabe von *Wired*.

Kapitel 7

1 Der Komet wurde entdeckt von Eugene Shoemaker, einem Experten der Mond- und Planetenbeobachtung, seiner Frau Carolyn und David Levy, einem in Arizona tätigen Astronomen. 1993 zog der Komet in der Nähe des Jupiter vorüber und wurde vom Gezeiteneffekt der Schwerkraft des Planeten in rund 20 Teile zerrissen. Man konnte errechnen, dass die Fragmente 16 Monate später auf den Jupiter stürzen würden.
2 »Report on the Hazard of Near Earth Objects«, erstellt für die britische Regierung von einem Ausschuss unter Leitung von Dr. Harry Atkinson.
3 Arthur C. Clarke: »*Rendezvous with Rama*« (1972).
4 Der einschlägige NASA-Report ist zu finden unter http://impact.arc.nasa.gov/reports/spaceguard/index.html.
5 Carl Sagan wies darauf hin, dass, wenn es möglich würde, die Bahnen von Asteroiden zu beeinflussen, die entsprechende Technologie genutzt werden könnte, Asteroiden auf die Erde zu lenken statt von ihr fort; die »natürliche« Einschlaghäufigkeit würde dadurch stark erhöht, und Asteroiden würden zu Waffen oder Mitteln eines globalen Selbstmords.
6 Die Turin-Skala wird beschrieben unter http://impact.arc.nasa.gov/torino/.
7 Die Palermo-Skala wurde vorgeschlagen in einem gemeinsamen Aufsatz von S. R. Chesley, P. W. Chodas, A. Milani, G. B. Valsecchi und D. K. Yeomans. *Icarus* 159, S. 423–432 (2002).

Kapitel 8

1 E. O. Wilson: »*The Future of Life*«. Knopf, New York: 2002.
2 Robert May, *Current Science* 82, 1325 (2002).
3 Gregory Benford beschreibt den Vorschlag in seinem Buch »*Deep Time*«.
4 Das »Fußabdruck«-Konzept wird [im deutschsprachigen Netz] diskutiert unter http://www.footprint.ch/.
5 Diese Zahlen stammen aus einem aktuellen Bericht von NMG-Levy, einer südafrikanischen Vereinigung von Arbeitgebern und Arbeitnehmern.

6 Paul W. Erwald in John Brockman: »*Die nächsten fünfzig Jahre – Wie die Wissenschaft unser Leben verändert*«. Ullstein, München 2002.
7 Vor 500 Millionen Jahren enthielt die Atmosphäre 25-mal so viel Kohlendioxid wie heute; der Treibhauseffekt war damals weit stärker. Die mittlere Temperatur fiel in jener Ära aber nicht erheblich höher aus, weil die Sonne an sich schwächer war. Der Kohlendioxidanteil begann zu sinken, als Pflanzen das Land besiedelten, die dieses Gas als Rohstoff für ihr photosynthetisches Wachstum nutzten. Die allmähliche Zunahme der Sonnenstrahlung – eine gut verstandene Folge der Veränderungen, die Sterne durchmachen, wenn sie älter werden – glich den nachlassenden Treibhauseffekt aus, mit dem Resultat, dass die mittlere globale Temperatur sich nicht stark geändert hat. Die Abweichungen vom Mittelwert zwischen Eiszeiten und Zwischeneiszeiten betrugen jedoch bis zu zehn Grad. Vor 50 Millionen Jahren, im frühen Eozän, gab es noch dreimal so viel Kohlendioxid in der Atmosphäre wie heute. Fossilien belegen, dass sich damals im Süden England Mangrovensümpfe und tropische Wälder ausbreiteten; die örtliche Temperatur war 15 Grad höher als heute (das beruht allerdings teilweise auf der Verschiebung der Kontinente und der Drehachse der Erde, aufgrund derer England näher am Äquator lag).
8 Durch diesen Effekt ist die Erde 35 Grad wärmer, als sie es sonst wäre. Die entscheidende Frage lautet, für wie viel Grad zusätzlicher Erwärmung in diesem Jahrhundert menschliches Handeln verantwortlich ist.
9 Die wissenschaftlichen Fragen bezüglich der globalen Erwärmung werden in den einzelnen Berichten des Intergovernmental Panel on Climate Change (IPCC) eingehend erörtert unter http://www.ipcc.ch.
10 Das »Förderband«-Konzept wird verständlich erörtert in: W. S. Broecker, »What If the Conveyor Were to Shut Down? Reflections on a Possible Outcome of the Great Global Experiment«. *GSA Today* 9(1): 1–7 (Januar 1999). Broecker verweist darauf, dass es in der Vergangenheit plötzliche Abkühlungen gegeben hat; würden sie sich wiederholen, so bekäme Irland das Klima Spitzbergens, aus den Wäldern Skandinaviens würde eine Tundra, und die Ostsee wäre rund ums Jahr vereist. Sollte es vor einem menschengemachten »Umkippen« zu einer Erwärmung um vier bis fünf Grad kommen, wäre das Ergebnis, das man noch nicht vorhersagen kann, vermutlich nicht so extrem.
11 Bjorn Lomberg: »*The Skeptical Environmentalist*«. Cambridge University Press 2001.
12 Zu einer solchen ungebremsten Entwicklung könnte es kommen, wenn der Kohlendioxidgehalt annähernd den Wert von vor 500 Millionen Jahren erreichen sollte, da die Sonne inzwischen mehrere Prozent heller strahlt als damals. Allerdings läuft der geschätzte, durch den Menschen verursachte Anstieg des Kohlendioxids lediglich auf eine Verdoppelung hinaus – und das ist wenig, verglichen mit den Anstiegen auf das Zwanzigfache, die es in geologischen Zeiträumen gegeben hat. Beim natürlichen

Verlauf der Dinge könnte die allmählich heller werdende Sonne möglicherweise in einer Milliarde Jahren einen ungebremsten Treibhauseffekt durch Verdunstung der Meere auslösen (selbst bei den heutigen Kohlendioxidwerten). Damit würde landgestütztes Leben weit früher zerstört als durch die heftigeren Konvulsionen, die mit dem Todeskampf der Sonne in sechs bis sieben Milliarden Jahren einhergehen werden. Noch drastischer ist die Treibhauserwärmung auf dem glühendheißen Planeten Venus.

13 Er sprach 1994 an der Universität Cambridge anlässlich der Eröffnung von deren »Global Security Programme«.

Kapitel 9

1 Zu diesem Thema existiert eine unübersehbare Literatur. Siehe zum Beispiel Julian Morris (Hrsg.): »*Rethinking Risk and the Precautionary Principle*«. Butterworth-Heinemann, London 2000.
2 Edward Teller: »*Memoirs – A Twentieth Century Journey in Science and Politics*«. Perseus 2001. S. 201.
3 E. Konopinski/C. Marvin/E. Teller: »*Ignition of the Atmosphere with Nuclear Bombs*«, Los Alamos Report. Der Report stand bis 2001 auf der Los-Alamos-Webseite zur Verfügung.
4 Greg Benford: »*COSM*«. Heyne, München 2000.
5 Siehe die Bemerkungen zu solchen Theorien in Kapitel 11.
6 Kurt Vonnegut: »*Cat's Cradle*«, erschienen 1963. Deutsch: »*Katzenwiege*«. Piper, München 1985.
7 Unser Aufsatz wurde publiziert als P. Hut und M. J. Rees, »How stable is our vacuum?« in: *Nature* 302, 508–509 (1983).
8 Der Brookhaven-Report, verfasst von R. L. Jaffe, W. Busza, J. Sandweiss und F. Wilczek, erschien unter dem Titel »Review of Speculative ›Disaster Scenarios‹ at RHIC« in: *Reviews of Modern Physics* 72, S. 1125–1137 (2000).
9 Das Zitat stammt aus: S. L. Glashow und R. Wilson, *Nature* 402, 596 (1999).
10 Die Arbeit der CERN-Forscher A. Dar, A. de Rujula und U. Heinz erschien unter dem Titel »Will Relativistic Heavy Ion Colliders Destroy our Planet?« in: *Phys. Lett.* B 470, 142–148 (1999).
11 Jonathan Schell: »*Das Schicksal der Erde*«, S. 193/94. Piper, München 1982.
12 Francesco Calogero, »Might a Laboratory Experiment Now being Planned Destroy the Planet Earth?« in: *Interdisciplinary Science Reviews* 23, 191–202 (2000).
13 Wie ich in Kapitel 3 betonte, waren wir offenbar einem höheren Risiko ausgesetzt, als den meisten von uns klar war, und außer den fanatischsten Antikommunisten würde kaum jemand ein so hohes Risiko wissentlich akzeptiert haben.

14 Adrian Kent, »A critical look at catastrophe risk assessment«, in: »Risk« (in Vorbereitung); Vorabdruck erhältlich als hep-ph/0009204.

Kapitel 10

1 Carters Vortrag wurde veröffentlicht unter dem Titel »The anthropic principle and its implications for biological evolution« in: Phil Trans R-Soc A 310, 347.
2 Die gründlichste Kritik an dieser Argumentation leistet Nick Bostrom in: »Anthropic Bias – Observation Selection Effects in Science and Philosophy«. Routledge, New York 2002. Eine weitere Quelle ist C. Caves: »Contemporary Physics«, 41, 143–153 (2000).
3 J. Richard Gott: »Implications of the Copernican principle for our future prospects«, Nature 363, 315 (1993); und sein Buch »Zeitreisen in Einsteins Universum«. Rowohlt, Reinbek 2002.
4 Dieses Argument wird vorgetragen in Leslies Buch »The End of the World – The Science and Ethics of Human Extinction« (Routledge, London 1996 [Neuauflage 2000]), das einen umfassenden Überblick über Gefahren und das Weltuntergangsargument enthält. Der Autor, ein Philosoph, bringt Schwung in dieses düstere Thema. Weitere Hinweise auf das Weltuntergangsargument gibt Bostrom in seinem oben erwähnten Buch (siehe Anm. 2).

Kapitel 11

1 Horgans Buch »The End of Science« erschien 1996 bei Addison Wesley, New York; deutsch: »An den Grenzen des Wissens – Siegeszug und Dilemma der Naturwissenschaften«, Luchterhand, München 1997. Ein Gegengift ist John Maddox: »What Remains to be Discovered«, Free Press, New York/London 1999; deutsch: »Was zu entdecken bleibt – Über die Geheimnisse des Universums, den Ursprung des Lebens und die Zukunft der Menschheit«, Suhrkamp, Frankfurt/Main 2002.
2 Das Zitat, eine Antwort auf eine Frage von Heinz Pagels, stammt aus »A Memoir« von Isaac Asimov.
3 Die Quantentheorie war nicht die Frucht eines einzelnen brillanten Kopfes. Vorläuferideen lagen in den 1920er-Jahren »in der Luft«, und die Theorie ist das geistige Produkt einer bemerkenswerten Gruppe junger Theoretiker, angeführt von Erwin Schrödinger, Werner Heisenberg und Paul Dirac.
4 Das Zitat entstammt Stephen Hawkings Buch »A Brief History of Time«, Bantam 1988.
5 Einstein erkannte sofort, dass diese Theorie rätselhafte Erscheinungen in

der Bahn des Planeten Merkur erklärte. Zusätzliche Bestätigung erfuhr sie 1919 durch Arthur Eddington (einen meiner Vorgänger in Cambridge), der zusammen mit Kollegen während einer totalen Finsternis per Messung ermittelte, wie stark die Gravitation Lichtstrahlen ablenkt, die nahe an der Sonne vorbeilaufen.

6 Es gibt zwar noch keine Theorie der Quantengravitation, aber die Größenordnungen, in denen Einsteins Theorie versagen muss, lassen sich leicht abschätzen. Nicht widerspruchsfrei kann die Theorie zum Beispiel ein Schwarzes Loch beschreiben, das so klein ist, dass sein Radius kleiner ist als die Unschärfe seines Ortes, die durch Heisenbergs Relation gegeben ist. Sie ergibt eine minimale Länge von etwa 10^{-33} Zentimetern. Das minimale Zeitquant, als Plancksche Zeit bezeichnet, ergibt sich, wenn man diese Länge durch die Lichtgeschwindigkeit teilt, zu etwa 3×10^{-44} Sekunden.

7 Diese begriffliche Kluft hat nicht verhindert, dass wir in unserem Verständnis der physikalischen Welt von den Atomen bis zu den Galaxien während des 20. Jahrhunderts gewaltige Fortschritte gemacht haben. Der Grund ist, dass die meisten Phänomene entweder Quanteneffekte oder Gravitation enthalten, aber nicht beides. In der Mikrowelt der Atome und Moleküle, in der Quanteneffekte entscheidend wichtig sind, kann die Gravitation vernachlässigt werden. Umgekehrt kann die Quantenunschärfe im himmlischen Bereich, wo die Gravitation herrscht, ignoriert werden: Planeten, Sterne und Galaxien sind so groß, dass die Quanten»verschmierung« sich nicht erkennbar auf ihre glatten Bewegungen auswirkt.

8 Eine verständliche und unterhaltsame Zusammenfassung der Stringtheorien und der zusätzlichen Dimensionen gibt Tom Siegfried in: »*Strange Matters – Undiscovered Ideas at the Frontiers of Space and Time*«. Joseph Henry Press 2002.

9 Diese Idee wurde unter anderen von E. H. Fahri und A. H. Guth: (*Phys. Lett. B* 183, 149 [1987]) sowie von E. R. Harrison (*Q. J. Roy. Ast. Soc.* 36, 193 [1995]) diskutiert.

10 Sollten Physiker tatsächlich eine vereinheitlichte Theorie ermitteln, so wäre das die Krönung einer geistigen Suche, die vor Newton begann und von Einstein und seinen Nachfolgern fortgesetzt wurde. Es wäre ein Beleg für das, was der große Physiker Eugene Wigner als »die unvernünftige Effektivität der Mathematik in den Naturwissenschaften« bezeichnet hat. Wäre der menschliche Geist dazu von selbst (ohne maschinelle Unterstützung) fähig, so würde daraus außerdem ersichtlich, dass unser Geist imstande ist, die Fundamente der physikalischen Realität zu begreifen, was in der Tat ein bemerkenswertes Ereignis wäre.

11 Das Zitat stammt aus dem oben erwähnten Buch von John Maddox: »*What Remains to be Discovered*« (siehe Anm. 1).

12 Im Prolog zu diesem Buch zitierte ich Frank Ramseys persönliche Welt-

sicht: Menschen, das Zentrum seiner Wissbegierde und seiner Sorge, beherrschen den Vordergrund; die Sterne sind zu relativer Bedeutungslosigkeit geschrumpft. Die Wissenschaft liefert eine objektive Begründung für diese Sichtweise, die natürlich keine Eigenheit von Ramsey ist, sondern die wir fast alle teilen. Sterne sind (aus der Sicht des Physikers) gewaltige Massen glühenden Gases, zusammengepresst und auf ungeheure Temperaturen erhitzt durch ihre eigene Gravitation. Sie sind einfach, weil komplexe chemische Gebilde die Hitze und den Druck nicht überstehen könnten. Ein lebender Organismus, der aus vielen Stufen komplizierter chemischer Vorgänge entsteht, muss daher weit weniger Masse haben als ein Stern, damit er nicht von der Gravitation zermalmt wird.

13 Es gibt $1{,}3 \times 10^{57}$ Nukleonen (Protonen und Neutronen) in der Sonne. Die Quadratwurzel daraus, $3{,}6 \times 10^{-28}$, entspricht einer Masse von etwa 50 Kilogramm, was innerhalb eines Faktors 2 die Masse eines typischen Menschen ist.

14 Die absolute theoretische Grenze der Rechenleistung, weit jenseits dessen, was selbst die Nanotechnologie zu erreichen vermöchte, wurde von dem MIT-Theoretiker Seth Lloyd diskutiert, dem ein Computer vorschwebt, der derart kompakt ist, dass er kurz davor steht, zu einem Schwarzen Loch zu werden. Siehe seinen Aufsatz »Ultimate physical limits to computation« in: *Nature* 406, S. 1047–1054 (2000).

Kapitel 12

1 Das derzeit erfolgreichste Verfahren ist ein indirektes: Nicht der Planet selbst wird gesucht, sondern die kleine Abweichung in der Bahn des Zentralgestirns, die von der Schwerkraftanziehung des Planeten hervorgerufen wird. Planeten vom Format des Jupiter erzeugen Bewegungen in der Größenordnung von Metern pro Sekunde; die durch erdähnliche Planeten verusachten Bewegungen betragen lediglich Zentimeter pro Sekunde und sind daher nicht mehr messbar. Planeten von Erdgröße könnten sich aber auf andere Weise verraten. Zöge ein solches Gestirn beispielsweise vor einem Stern vorbei, so würde es dessen Helligkeit um weniger als ein Zehntausendstel vermindern. Eine so geringfügige Verdunkelung könnte man am ehesten mit einem Teleskop im All erfassen, wo das Sternenlicht nicht durch die Atmosphäre der Erde beeinträchtigt wird und daher stetiger ist. Eine geplante europäische Weltraummission namens »Eddington« (benannt nach dem berühmten englischen Astronomen) sollte innerhalb der nächsten zehn Jahre in der Lage sein, solche Vorbeigänge erdähnlicher Planeten vor hellen Sternen zu erfassen.

2 Der zögernd favorisierte Plan – Einzelheiten stehen noch nicht fest – würde die Platzierung von vier oder fünf Teleskopen im All vorsehen, angeordnet als ein Interferometer, bei dem das Licht, das von dem Stern

selbst kommt, sich durch Interferenz aufhebt (die Kämme der Lichtwellen, die ein Teleskop erreichen, neutralisieren die Täler von den Lichtwellen, die das andere erreichen); auf diese Weise verhindert man, dass das ultraschwache Licht von Himmelskörpern, die den Stern umkreisen, vom Sternenlicht überstrahlt wird.

3 Man weiß nicht, wie hoch der Anteil der Sternensysteme ist, die einen solchen Planeten haben. Die meisten bisher entdeckten Planetenformationen weichen erstaunlich von unserem Sonnensystem ab. Viele enthalten jupiterähnliche Planeten auf exzentrischen Bahnen, die dem Stern sehr viel näher kommen als unser Jupiter. Diese würden einen Planeten, der im »richtigen« Abstand von seinem Muttergestirn eine beinahe kreisförmige Bahn beschreibt, so sehr destabilisieren, dass er als Basis von Leben nicht infrage kommt. Wir können noch nicht sicher sagen, welcher Anteil von Planetensystemen einen kleinen erdähnlichen Planeten zulassen würde.

4 Donald Brownlee/Peter Ward: »*Unsere einsame Erde – Warum komplexes Leben im Universum nicht möglich ist*«. Springer Verlag, Berlin 2001.

5 Das Zitat stammt aus Simon Conway Morris' Beitrag in G. Ellis (Hrsg.): »*The Far Future Universe*«. Templeton Foundation Press, Philadelphia/London 2002, S. 169. Siehe auch Conway Morris' Buch »*The Crucible of Creation*«, Cambridge University Press 1998.

6 Der Astronom Ben Zuckerman nennt (in *Mercury*, Sept./Okt. 2002, S. 15–21) einen anderen Grund, warum wir Besuche erwarten sollten, wenn es Außerirdische gäbe. Außerirdische, die mit ähnlichen Instrumenten wie dem »Terrestrial Planet Finder« die Galaxis erkundet hätten, würden, lange bevor der Mensch die Szene betrat, die Erde als einen besonders interessanten Planeten mit einer verwickelten Biosphäre ausgemacht haben und hätten daher reichlich Zeit gehabt, hierher zu kommen.

7 Wir sollten vielleicht dankbar dafür sein, dass man uns in Ruhe gelassen hat. Eine Invasion von Außerirdischen könnte auf die Menschheit die gleiche Wirkung haben wie die der Europäer auf die nordamerikanischen Indianer und die Inseln des Südpazifik. *Independence Day* könnte eine echtere Darstellung sein als *E.T.*

8 Hans Freudenthal: »*Lincos, a Language for Cosmic Intercourse*«. Springer, Berlin 1960.

Kapitel 13

1 Jonathan Schell: »*Das Schicksal der Erde*« (siehe Kap. 9, Anm. 11), S. 175/76.

2 Die »Mars-direkt«-Strategie wird beschrieben in Robert Zubrin/Richard Wagner: »*Unternehmen Mars: Das ›Mars-Direct‹-Projekt – Der Plan, den roten Planeten zu besiedeln*«. Heyne, München 1997.

3 Alle zwei Jahre sind die relativen Positionen von Erde und Mars am güns-

tigsten. Daher wären zwei Jahre der natürliche zeitliche Abstand zwischen zwei Flügen.

4 Das gleiche Problem würde auf jedem bewohnbaren Planeten entstehen, weil die Gravitation so stark sein muss, um eine Atmosphäre festzuhalten, die eine für das Leben geeignete Temperatur hat.

5 Sonnenpaddel können in den inneren Bereichen des Sonnensystems unbegrenzt lange für geringen Schub sorgen, doch in den äußeren Regionen ist das Sonnenlicht zu schwach, und selbst große, schwere Paddel werfen sehr wenig Energie ab. Die Energiequelle von Sonden, die tief ins All vordringen, ist derzeit ein »Radioisotope Thermoelectric Generator« (RTG), der genügend Strom für Radiosender und ähnliche Geräte liefert. Um Schub für den Antrieb zu erhalten (besonders dann, wenn so viel erforderlich ist, um die Reisezeit zu den Planeten abzukürzen, und nicht nur ein wenig für Kurskorrekturen während des Fluges), würde man einen Atomreaktor (Spaltungsreaktor) benötigen. Damit ist auf mittlere Sicht durchaus zu rechnen. Eine noch spekulative Möglichkeit auf längere Sicht sind Fusionsreaktoren und sogar Materie-Antimaterie-Reaktoren.

6 Siehe K. Jiang, Q. Li und S. Fan, *Nature* 419, 801 (2002).

7 O'Neills Ideen wurden publiziert in dem Buch »*The High Frontier*« (William Murrow, New York 1977); deutsch: »*Unsere Zukunft im Raum*« (Hallwag, Bern/Stuttgart 1978); sie werden verbreitet von einer Organisation namens »L5 Society«. L5 bezeichnet eine Position im Erde-Mond-System, die sich für die Schaffung eines »Habitats« besonders eignet. Die Anthologie »*Skylife – Space Habitats in Story and Science*« von G. Benford und G. Zebrowski enthält eine Reihe fiktionaler und wissenschaftlicher Artikel zu diesem Thema.

8 Dies ist eines der Lieblingsthemen von Freeman Dyson; er deutete es erstmals in seiner Bernal-Vorlesung an. Tatsächlich hatte J. D. Bernal 1929 solche Ideen ventiliert. Eine spätere Dyson-Quelle ist »Imagined Worlds«, Harvard-/Jerusalem-Vorlesungen (2001).

9 Christian de Duve: »*Life Evolving – Molecules, Mind and Meaning*«. Oxford University Press 2002.

10 In den 1960er-Jahren stellte Arthur C. Clarke sich die »lange Dämmerung« nach dem Tod der Sonne und der übrigen heißen Sterne von heute als eine Ära vor, die zugleich majestätisch und voller Wehmut ist. »Es wird eine geschichtliche Epoche sein, nur beleuchtet von den Rot- und Infrarottönen matt glühender Sterne, die für unsere Augen fast unsichtbar wären; doch für die seltsamen Wesen, die sich daran angepasst haben, mögen die trüben Töne jenes nahezu ewigen Universums voller Farbe und Schönheit sein. Sie werden wissen, dass vor ihnen nicht die … Milliarden Jahre liegen, die das Vorleben der Sterne umfasste, sondern Jahre, die man buchstäblich in Billionen zählen muss. Sie werden in jenen endlosen Äonen genügend Zeit haben, um alles auszuprobieren und alles Wissen zusammenzutragen. Trotzdem werden sie uns möglicherweise beneiden, die

wir im hellen Nachglühen der Schöpfung schwelgten, denn wir kannten das Universum, als es jung war.« (Wiederabdruck in: »*Profiles of the Future*«. Warner Books, New York 1985)

Epilog

1 Einen leicht fasslichen Überblick über Leben und Werk von Erzbischof Ussher und über den Fortschritt zu unserer modernen Chronologie gibt Martin Gorst in: »*Aeons*«, Fourth Estate, London 2001. Usshers Chronologie, die mit der Schöpfung im Jahr 4004 v. Chr. beginnt, wurde bis zum Jahr 1910 in den Bibeln wiedergegeben, die im Verlag Oxford University Press erschienen.

2 Aus »*An Original Theory or New Hypothesis of the Universe*« (1750) von Thomas Wright of Durham, nachgedruckt von Cambridge University Press mit einer Einführung von Michael Hoskin. Anschließend rückt Wright die irdischen Mühen in eine kosmische Perspektive, die so entspannt ist, dass die meisten von uns sie nicht werden teilen können: »Ich kann nie zu den Sternen emporblicken, ohne mich zu fragen, warum nicht alle Welt zu Astromen wird ... und sich ohne die geringste Besorgnis mit all den kleinen Schwierigkeiten abfindet, die mit der menschlichen Natur verbunden sind.«

Orts- und Sachregister

ABM-Vertrag 39f.
Abrüstungsabkommen 42
Ackerbau 15
Aerosole 61f.
Afrika 30, 40, 66, 78f., 115
Aids 66f., 78, 115
Alpen 116
Al-Qaida (Terrornetzwerk) 11, 51
Ammoniak 101
Antarktis 122
Antibiotika 67
Antisatellitenwaffen 40
Arizona 102
Artensterben 111, 116
Asien 40, 79
Asilomar (Moratorium von) 86
Asteroide 100ff., 106ff., 110, 138, 168, 173, 188, 190ff.
Atlanta 61
Atom 130, 132, 160
-bombe 9, 37, 53, 45, 97, 126
-bombentest 141
-energie 56f.
-kerne 131, 134
-kraftwerke 42, 55f., 138, 143
-krieg 10, 18, 37ff.
-kriegsgefahr 35f.
-mächte 43ff.
-reaktor 55, 185
-testverbot 38
-waffen 10, 38, 40, 42, 45ff., 48f., 51, 53, 58

-waffensperrvertrag 44f.
-waffentest 44f.
Aum-Shinrikyo-Sekte 59, 66
Außerirdische 177f.
Australien 48, 68, 101f., 141

Babylonier 156f.
Bakterien 67ff.
- Designer- 69
Barringer-Krater 102
Bevölkerungsentwicklung 112ff.
Bioabwehr 65
Bioanschlag 60
Biogefahren 57ff.
Biokatastrophen 125
Biopräparat-Programm 58
Biosphäre 69f., 75, 109, 135, 149, 166f., 171f., 174, 195, 198
Biotechnologie 12, 19, 30, 33, 64, 84, 86, 97, l28, 196
Bioterror 116
Bombe, schmutzige 53
Botulismus-Toxin 59
Brasilien 44, 113
Breitbandtechnik (GS) 30
British Columbia 174
Brookhaven-Bericht 132, 134
Brooklyn 87
Buchdruck, Erfindung 23

Canberra 68
Cassini 169

Celera 67
Center for Disease Control 61
CERN-Forschungszentrum 132, 134
Challenger-Fähre 143
Chicago 46, 49, 74
Chicyulub-Krater (Mexiko) 101
Chiliasten 75
China 44, 91, 113, 115
Computer 23, 25ff., 33, 92, 97, 158, 163ff., 175, 177
- Schach- 164

Dänemark 91
Dark Winter 62
Davy Crockett (Waffe) 38
Deutschland 39, 44, 47
Dinosaurier 111
Drogen 26, 79f.
- Designer- 81
Dürreperioden 119

Ebolavirus 66, 116
Eiszeit, kleine 116
Empfängnisverhütung 113
England 31, 47, 116, 176
Entwaldung 76
Entwicklungsländer 28, 34, 37, 56, 62f., 79, 114
Erdbeben 34, 45, 101, 103, 108
Erster Weltkrieg 34, 47
Erwärmung, globale 31, 57, 67, 76, 119f., 125, 127
Ethik 89f.
Europa 38f., 55, 73, 78, 113f., 116, 118, 122, 169, 186
Evolution 13, 109, 165, 173ff., 178, 194f.
- posthumane 29

Fluorchlorkohlenwasserstoff (FCKW) 118
Flutwellen (s. a. Tsunamis) 103
Frankreich 44

Gastroenteritis 59
Gehirn 25ff.
Genetik 57, 97, 143
Genf 132, 134
Genmanipulation 65
Gentechnik 19
Gletscher 116
Globales Satelliten-Navigationssystem (GPS) 22, 28, 153
Globalisierung 79
GNR 97f.
Golf von Mexiko 101
Grauer-Schleim-Szenario 69f., 142
Grönland 116, 122
Großbritannien 39, 44, 46, 57, 61, 63, 76f., 91, 122
Gruppenpolarisierung 75
Guyana 74

Halleyscher Komet 105
Heaven's-Gate-Gruppe 73ff.
Helium 139f.
Hiroshima 37
Hominoide 110
Hubble-Weltraumteleskop 89
Humangenom-Projekt 89
Hungersnöte 120
Hurrikan 104
Huygens-Sonden 169

Igitt-Faktor 87f.
Immunsystem 66ff., 92
Impstoffresistenz 58
Indien 41, 115
Indonesien 117
Industrieländer 123
Infektionskrankheiten 61
Insektengehirn 25
Intelligenz, menschliche 26f.
Internet 22, 24, 30, 65f., 73ff., 78
Irak 45, 57
Iran 113
Irland 51
Israel 43, 51

Japan 44, 59, 113
Jason-Gruppe 60, 63
Jonestown 74
Jupiter (Planet) 101, 169f.

Kalifornien 63, 73, 86, 177, 191
Kalter Krieg 10, 34ff., 40f., 52, 54, 89, 138
Kanada 46, 75, 101, 119, 122
Kapselhotels 113
Kernenergie 21, 94
Kernfusion 56f., 95
Kernspaltung 57
Klimawandel 116, 122f.
Klonen 75, 85, 88, 91
Kohlendioxidemissionen 123
Kohlenstoff 172
Kollektivselbstmorde 74
Kollisionen 132f.
Kometen 100f., 105, 108, 190
Kompass 20f.
Korea 113
Kornkreise 176
Kosmologie 13
Krakatau 108
Kubakrise 35, 38
Kyoto-Abkommen 31, 123

Laborfehler 68ff.
Lateinamerika 40
Livermore Laboratory 96
Liverpool 47
London 17, 61, 80, 144
Long Now Foundation 32
Los Alamos 37, 47
Los-Alamos-Report 126

Manhattan-Projekt 37, 47, 49, 98
Manicouagan 101
Mars (Planet) 101, 168f., 172, 182, 185ff., 192
Massensterben 110f.
Maul- und Klauenseuche 63
Maunder-Minimum 116

Mauspocken 68, 141
Medikamente 58, 60, 80f., 84
Meteoriten 169
Methan 101, 186
Microsoft 177
Mikrobiologie 57
Milzbrand 58ff., 64
Mir (Raumstation) 183
Mittelstreckenraketen 39
Mond 173, 183, 188, 190f.
-finsternis 157
-landung 182
Moores Gesetz 23, 25
Moskau 61
Mountain View 177
Müll, radioaktiver 31f.
Mutually assured destruction (MAD) 11

Nagasaki 37
Nanotechnologie 25, 69ff., 92, 97ff., 125, 142f., 177, 189, 197
NASA 168ff., 172, 185
Naturkatastrophen 10, 37, 108, 181, 196
Neandertaler 19
Near Earth Objects (NEOs) 101ff.
Neptun 101
Nervengas 59
Neuengland 118
Nevada 31, 33
New Mexico 126
New York 61
Nova Scotia 46
Nuclear Threat Initiative 55
Nuklearer Megaterrorismus 53

Oak Ridge 95
Oklahoma City 53
Ölvorkommen 57
Oregon 59

Pakistan 41
Palermo-Skala 107

Pascalsche Wette 124ff., 181
Peer review 94
Pentagon 51
Perm-Trias-Übergang 102, 110
Pestizide 58
Planeten 14, 170ff., 180, 190
Pluto 101
Pocken 52, 61f., 64ff., 68
Polen 47
Polio 65
Princeton 131, 146, 190
Prozac 80
Pugwash-Konferenzen 46, 48f., 137

Quantentheorie 152ff., 157
Quark-Gluon-Plasma 129
Québec 101
Q-Fieber 59

Raelianer (Sekte) 75, 88
Raketenabwehrsystem 40
Raumfahrt 29
- bemannte 30, 183f.
Reiz-Reaktion-Theorie 81
Relativitätstheorie 129
- allgemeine 153
Religion 30
Ricin 60
Ritalin 80
Roboter 24, 28, 97, 191, 193
- Arbeits- 29
- -sonden 183
Römerzeit 145
Röntgenstrahlen 21, 91
Russell-Einstein-Manifest 52
Russland (s. a. UdSSR) 41ff., 55, 115, 127
Rüstungswettlauf 41
- biologischer 60

San Francisco 61
Sarin 59f.
Satelliten 22, 29, 40
- GPS- 43

- Kommunikations- 40
- Navigations- 40
- Spionage- 89
- Überwachungs- 40
Saturn (Planet) 169f.
Schießpulver 20
Schurkenstaaten 11, 40
Schwarzes Loch 129, 159
Selbstbeschränkung 85ff.
Selbstmordanschläge 51
Sibirien 102, 119, 122
Singapur 91
Singularität 27f.
Sonne 14, 16, 101, 116f., 162, 170
-nenergie 57, 69
-neruptionen 117
-nflecken 116f.
-nsystem 29, 167ff., 180f., 183, 189ff., 196
Sonolumineszenz 95
Sterne 170f., 176
Strahlen, kosmische 131
Strangelet 132ff.
Straßburg 46
Strings 154
Suche nach extraterrestrischer Intelligenz (SETI) 177
Südafrika 44, 58, 115
Sumatra 108
Supereruptionen 108
Superstringtheorie 154
Supraleiter 164
Swerdlowsk 58

Tambora 117
Techno-Irrationalität 73ff.
Teilchenbeschleuniger 128f., 142
Teilchendichte 132
Terror 9, 51–71
Thailand 113
Tierversuche 86f.
Tokio 59f., 113
Treibhauseffekt 67
Treibhauserwärmung 118ff.

Treibhausgas 56, 122, 189
Trinity-Test 126
Tschernobyl 55
Tschetschenien 55
Tsumanis (s. a. Flutwellen) 103f.
Tunguska-Meteorit 102f.
Turin-Skala 106, 143

Überschallflug 30
Überwachung 77f.
UdSSR (s. a. Russland) 38f., 41, 43, 46, 53ff., 58, 64, 184
Umweltbelastung 18
Umweltrisiken 10
Unsterblichkeit 27
Urknall 129, 152, 154, 156
USA 21, 31, 35, 38ff., 44ff., 51, 53, 55ff., 61ff., 73, 75ff., 93, 114, 127, 132, 184, 190

Vakuum 130
Vancomycin 67
Vektor-Laboratorium 61
Vereinigte Staaten s. USA
Vereinte Nationen 114
Verkehrstechnik 22
Vietnamkrieg 35
Viking-Sonden (Raumfahrt) 168f.
Viren 25, 52, 60f., 63, 66f., 70f., 99, 116, 127, 141
- Computer 12
- Designer- 66
- künstliche 9, 64ff.
Vulkane 34, 108, 168

Waffen, biologische 57ff., 63
Waffen, chemische 57f.
Wasco County 59
Wasser 130, 172, 186
Wasserstoffbombe 49, 95, 126
Wasserstoffwirtschaft 57
Weizen-Braunrost 63
Weltenergiebedarf 57
Weltgesundheitsorganisation 60f.
Weltraumnutzung 29
Weltraumtouristen 184
Weltuntergang 144ff.
Weltuntergangsuhr 34–50, 71
Windkraftparks 57
Winter, nuklearer 39f.
Wolfe Creek 102
Woodleigh 101
World Trade Center 51, 54
Wyoming 108

Xenotransplantation 88

Zeitreisen 158ff.
Zellen 71
Zweiter Weltkrieg 34, 37, 46f., 89, 126

Personenregister

Alibek, Ken (Alibekow, Kanatjan) 58
Allen, Paul 177
Alvarez, Luis 54
Applewhite, Marshall 74
Armstrong, Neil 182
Asimov, Isaac 150

Bacon, Francis 20f., 23
Baltimore, David 86
Benford, Gregory 13, 111, 129
Berg, Paul 86
Bethe, Hans 46f., 50, 141
Bhagwan, Shree Rajneesh 59
Binzel, Richard 106
Bloom, Stephen 80
Brand, Stewart 32, 82
Breschnew, Leonid 42
Briet, Gregory 126
Brin, David 77
Browne, Thomas 195
Brownlee, Donald 173
Bush, George W. 132

Calogero, Francesco 137
Carter, Brandon 144ff., 149
Chadwick, James 47
Charles (Prinz, brit. Thronfolger) 123
Charpak, Georges 43
Chruschtschow, Nikita Sergejewitsch 35
Clancy, Tom 53

Clarke, Arthur C. 22, 104, 182
Crutzen, Paul 118

Darwin, Charles 17, 165, 194
Dick, Philip K. 81
Drexler, Eric 69f., 142
Duve, Christian de 194
Dyson, Esther 83
Dyson, Freeman 30, 84, 131, 189

Eaton, Cyrus 46
Efstathiou, George 23
Einstein, Albert 48, 129, 151, 153f., 157, 159
Ellison, Larry 185
Erwald, Paul W. 115f.

Faraday, Michael 92
Fermi, Enrico 176f.
Feynmann, Richard 161
Fleischmann, Martin 94ff.
Fleming, Alexander 21
Freitas, Robert 70, 92
Freudenthal, Hans 178
Frisch, Robert 97
Fukuyama, Francis 80f.

Garwin, Richard 42
Gates, Bill 185
Glashow, Sheldon 133f.
Gödel, Kurt 159
Gott, Richard 146ff.

Halley, Edmund 157
Hanks, Tom 182
Hawking, Stephen 153
Hillis, Danny 32
Horgan, John 150, 160
Hut, Piet 131f.
Huxley, Aldous 80
Huxley, Thomas Henry 17, 161

Ikle, Fred 58

Jackson, Ron 68
Jelzin, Boris 58
Jones, James 74
Joy, Bill 97ff., 164

Kasparow, Gari 164
Kennedy, John F. 35, 182
Kent, Adrian 135, 140
Kopernikus, Nikolaus 145
Kuhn, Thomas 152
Kurzweil, Ray 24, 28, 149

Leslie, John 148f.
Lovelock, James 33

Maddox, John 161
Marburger, John 132
May, Robert 111
McNamara, Robert 35, 37f., 41, 48
Meselson, Matthew 94
Michelson, Peter 140
Miller, Walter M. jr. 32
Moore, Gordon 23
Moravec, Hans 25, 27, 149
Morris, Simon Conway 174

Neumann, John von 21
Newton, Isaac 157
Nunn, Sam 55, 62

O'Neill, Gerard 190f.
Oppenheimer, J. Robert 49
Orwell, George 149, 182

Pascal, Blaise 124, 126
Peierls, Rudolf 97
Polkinghorne, John 157
Pons, Stanley 94ff.
Poste, George 65
Preston, Richard 68

Ramsey, Frank 13
Ramshaw, Ian 68
Reagan, Ronald 40, 75, 96
Rocard, Michel 48
Rotblat, Joseph 47f., 50
Russell, Bertrand 48
Rutherford, Ernest 21

Sacharow, Andrei 49
Sagan, Carl 39, 171
Schell, Jonathan 136, 180
Schlesinger, Arthur jr. 35
Schopenhauer, Arthur 136
Schwarzenegger, Arnold 159
Shelley, Mary 118
Shuttleworth, Mark 184
Silver, Lee 20
Skinner, B.F. 81
Spielberg, Steven 82
Stapledon, Olaf 157
Sulston, John 27
Susstein, Cass 74f.

Taleyarkhan, Rusi 95
Teller, Edward 49, 96, 126, 141
Tipler, Frank 176
Tito, Dennis 184
Turner, Ted 55

Ussher, James 195

Venter, Craig 67
Vinge, Vernon 27f.
Vonnegut, Kurt 130
Vorilhon, Claude 75

Ward, Peter 173
Watson, James 86
Watson, Thomas J. 21
Watt, James 76
Welch, Raquel 110
Wells, H.G. 17ff., 21, 85, 197
Wilson, E.O. 109, 134

Wilson, Richard 133
Wimmer, Eckard 65f.
Wolsey, James 54
Wright, Thomas 197f.

Zubrin, Robert 185
Zuckerman, Solly 41